压铸工艺与模具设计

（第 2 版）

◎主编　齐卫东

北京理工大学出版社
BEIJING INSTITUTE OF TECHNOLOGY PRESS

内 容 提 要

本书从实用的角度出发,对压铸技术作了全面、系统的介绍。全书共分 10 章,主要内容包括压铸合金及压铸件设计、压铸工艺、压铸机、压铸模的分型面设计、浇注系统及排溢系统设计、成形零件设计、侧向抽芯机构设计、推出机构设计和压铸模总体设计等。本书理论联系实际,有较强的实用性。

本书可作为高职高专院校模具、材料成形与控制等机械类专业的教材,也可供有关科技人员参考。

图书在版编目（CIP）数据

压铸工艺与模具设计／齐卫东主编. —2 版. —北京：北京理工大学出版社,2012.7（2019.8 重印）

ISBN 978 - 7 - 5640 - 6459 - 4

Ⅰ.①压… Ⅱ.①齐… Ⅲ.①压力铸造 - 生产工艺 - 高等学校 - 教材②压铸模 - 设计 - 高等学校 - 教材　Ⅳ.①TG249.2

中国版本图书馆 CIP 数据核字（2012）第 179696 号

出版发行／北京理工大学出版社
社　　址／北京市海淀区中关村南大街 5 号
邮　　编／100081
电　　话／（010）68914775（办公室）　68944990（批销中心）　68911084（读者服务部）
网　　址／http：//www.bitpress.com.cn
经　　销／全国各地新华书店
印　　刷／北京九州迅驰传媒文化有限公司
开　　本／710 毫米×1000 毫米　1/16
印　　张／14.5　　　　　　　　　　　　　　　责任编辑／李秀梅
字　　数／268 千字　　　　　　　　　　　　　　　　　　张慧峰
版　　次／2012 年 7 月第 2 版　　2019 年 8 月第 6 次印刷　　责任校对／陈玉梅
定　　价／39.00 元　　　　　　　　　　　　　　　责任印制／王美丽

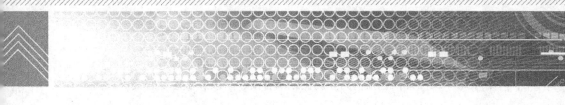

出版说明 >>>>>>>

　　北京理工大学出版社为了顺应国家对机电专业技术人才的培养要求，满足企业对毕业生的技能需求，以服务教学、立足岗位、面向就业为方向，经过多年的大力发展，开发了近30多个系列500多个品种的高等职业教育机电类产品，覆盖了机械设计与制造、材料成型与控制技术、数控技术、模具设计与制造、机电一体化技术、焊接技术及自动化等30多个制造类专业。

　　为了进一步服务全国机电类高等职业教育的发展，北京理工大学出版社特邀请一批国内知名行业专业、国家示范性高等职业院校骨干教师、企业专家和相关作者，根据高等职业教育教材改革的发展趋势，从业已出版的机电类教材中，精心挑选一批质量高、销量好、院校覆盖面广的作品，集中研讨、分别针对每本书提出修改意见，修订出版了该高等职业教育"十二五"特色精品规划系列教材。

　　本系列教材立足于完整的专业课程体系，结构严整，同时又不失灵活性，配有大量的插图、表格和案例资料。作者结合已出版教材在各个院校的实际使用情况，本着"实用、适用、先进"的修订原则和"通俗、精炼、可操作"的编写风格，力求提高学生的实际操作能力，使学生更好地适应社会需求。

　　本系列教材在开发过程中，为了更适宜于教学，特开发配套立体资源包，包括如下内容：

　　➢ 教材使用说明；

➢ 电子教案，并附有课程说明、教学大纲、教学重难点及课时安排等；

➢ 教学课件，包括：PPT 课件及教学实训演示视频等；

➢ 教学拓展资源，包括：教学素材、教学案例及网络资源等；

➢ 教学题库及答案，包括：同步测试题及答案、阶段测试题及答案等；

➢ 教材交流支持平台。

北京理工大学出版社

前　言 >>>>>>

　　20 世纪 90 年代以后，中国的压铸工业取得了令人惊叹的发展，已发展为一个新兴产业。目前，铝合金压铸工艺已成为汽车用铝合金成形工艺中应用最广泛的工艺之一，在各种汽车成形工艺方法中占 49%。

　　中国现有压铸企业 3 000 家左右，压铸件产量从 1995 年的 26.6 万吨上升到 2005 年的 87 万吨，年增长率保持在 20% 以上，其中，铝合金压铸件占所有压铸件产量的 3/4 以上。中国压铸件产品的种类呈多元化，包括汽车、摩托车、通信、家电、五金制品、电动工具、照明、玩具等。随着技术水平和产品开发能力的提高，压铸产品的种类和应用领域不断扩宽，压铸设备、压铸模和压铸工艺都发生了巨大的变化，得到了快速发展。

　　本书从实用的角度出发，广泛吸收了国内外压铸技术的先进经验，对压铸工艺及模具作了全面、系统的介绍。全书共分 10 章，主要内容包括压铸合金及压铸件设计，压铸工艺，压铸机，压铸模的分型面设计、浇注系统及排溢系统设计、成形零件设计、侧向抽芯机构设计、推出机构设计和压铸模总体设计等。本书理论联系实际，有较强的实用性。

　　本书可作为高职高专院校模具、材料成形与控制等机械类专业的教材，也可供有关科技人员参考。

　　本书由齐卫东教授主编。本书在编写过程中，得到了许多大专院校模具专业教师和相关企业同行的支持和帮助，在此一并表示感谢。

编者

目　　录

第1章　绪论 ……………… 1
　1.1　压铸成形过程………… 1
　1.2　金属充填铸型的形态
　　…………………………… 4
　1.3　压铸的特点及应用
　　范围 ……………… 10
　1.4　压铸技术的发展 …… 12

第2章　压铸合金及压铸件设计
　…………………………… 14
　2.1　压铸合金 ………… 14
　2.2　压铸件设计 ……… 17

第3章　压铸工艺 ………… 32
　3.1　压力 ………………… 32
　3.2　速度 ………………… 36
　3.3　温度 ………………… 38
　3.4　时间 ………………… 44
　3.5　压室充满度 ……… 46
　3.6　压铸涂料 ………… 47
　3.7　压铸合金的熔炼与
　　压铸件的后处理 …… 49
　3.8　压铸新技术 ……… 55

第4章　压铸模与压铸机 ……… 62
　4.1　压铸模的基本结构 … 62
　4.2　压铸模的设计依据与

　　步骤 ……… 64
　4.3　压铸机 ……… 67

第5章　压铸模分型面设计……… 82
　5.1　分型面的基本部位 … 82
　5.2　分型面的基本类型 … 83
　5.3　分型面的选择原则 … 86

第6章　压铸模浇注系统及排溢
　　系统设计
　…………………………… 96
　6.1　浇注系统设计 ……… 96
　6.2　排溢系统设计 ……… 110

第7章　压铸模成形零件设计 … 116
　7.1　成形零件的结构形式
　　………………………… 116
　7.2　成形零件的尺寸计算
　　………………………… 127
　7.3　成形零件的常用材料
　　………………………… 136

第8章　压铸模侧向抽芯机构设计
　………………………… 139
　8.1　侧向抽芯机构的分类
　　及组成 …………… 139
　8.2　抽芯力与抽芯距的

确定 …………… 141

8.3 斜销侧向抽芯
机构 …………… 144

8.4 弯销侧抽芯机构 …… 157

8.5 斜滑块侧抽芯
机构 …………… 162

8.6 齿轮齿条侧抽芯
机构 …………… 167

8.7 液压侧抽芯机构 …… 172

8.8 其他抽芯形式 ……… 174

第9章　压铸模推出机构设计 … 178

9.1 推出机构的组成
与分类 ………… 178

9.2 推出机构的设计
要点 …………… 179

9.3 推杆推出机构 ……… 181

9.4 推管推出机构 ……… 189

9.5 推件板推出机构 …… 191

9.6 其他推出机构 ……… 192

9.7 推出机构的复位与导向
………………… 196

第10章　压铸模总体设计 ……… 198

10.1 模体的基本类型 … 198

10.2 结构零部件的
设计 …………… 201

10.3 压铸模的冷却 …… 210

10.4 压铸模模体的常用
材料 …………… 218

10.5 压铸模典型实例 … 218

参考文献 …………………… 223

第1章 绪 论

压力铸造（简称压铸）属于特种铸造的范畴。它是在普通铸造技术基础上发展起来的一种先进工艺，已有很长的历史。压铸是一种将熔融状态或半熔融状态的金属浇入压铸机的压室，在高压力的作用下，以极高的速度充填在压铸模（压铸型）的型腔内，并在高压下使熔融或半熔融的金属冷却凝固成形而获得铸件的高效益、高效率的精密铸造方法。压铸的分类方法很多，常见的压铸分类方法如表1-1所示。

表1-1 常见的压铸分类方法

压铸的分类方法			说明	压铸的分类方法		说明
按压铸材料分	单金属压铸		目前主要是非铁合金压铸	按压铸机分	热室压铸	压室浸在保温坩埚内
	合金压铸	铁合金压铸			冷室压铸	压室与保温炉分开
		非铁合金压铸		按合金状态分	全液态压铸	常规压铸
		复合材料压铸			半固态压铸	一种压铸新技术

※ 1.1 压铸成形过程 ※

压铸成形的过程是将熔融的金属液注入压铸机的压室，在压射冲头的高压作用下，高速度地推动金属液经过压铸模具的浇注系统，注入并充满型腔，通过冷却、结晶、固化等过程，成形相应的金属压铸件。

压铸成形过程以卧式冷压室压铸机为例加以说明，如图1-1所示。

压铸模闭合后，压射冲头1复位至压室2的端口处，将足量的液态金属3注入压室2内，如图1-1（a）所示。压射冲头1在压射缸中压射活塞的高压作用下，推动液态金属3通过压铸模4的横浇道6、内浇口5进入压铸模的型腔。金属液充满型腔后，压射冲头1仍然作用在浇注系统，使液态金属在高压状态下冷却、结晶、固化成形，如图1-1（b）所示。压铸成形后，开启模具，压铸件脱离型腔，同时压射冲头1将浇注余料顶出压室，如图1-1（c）所示。之后在压铸机顶出机构的作用下，将压铸件及其浇注余料顶出，并脱离模体。压射冲头同时复位。

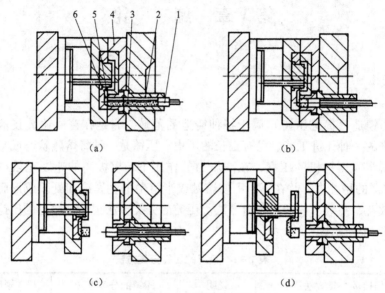

图1-1　金属压铸成形

(a) 合模—金属液倒入压室；(b) 压射—金属液填充型腔；
(c) 开模—冲头推出余料；(d) 推出铸件—冲头复位

1—压射冲头；2—压室；3—金属液；4—压铸模；5—内浇口；6—横浇道

在压铸成形过程中，压射填充是在一个极短的时间内完成的，但却是一个极其重要的环节。在压铸压射和金属液固化成形的整个过程中，始终有压力的存在，这是压铸方法区别于其他铸造方法的主要特征，因此压铸成形又称作压力铸造。

在压铸压射过程中，随着压射冲头的移动速度和位移的变化，压力也随之发生变化。图1-2所示为一个压射循环周期内，压射冲头的位移量 S、移动速度 v 与压射压力 p 的变化关系示意图。

为研究方便，现将压铸压射过程分以下几个阶段加以分析。

（1）准备阶段。将熔融的金属液注入压铸机的压室内，准备压射。这时，压射冲头的位移量 $S_0 = 0$，$v_0 = 0$，压射压力 $p_0 = 0$，即金属液静止在压室内，如图1-2（a）所示。

（2）慢速封口阶段。压射冲头以低速 v_1 移动 S_1，并封住浇注口，熔融的金属液受到推动，以较慢的速度向前堆集。这时，推动金属液的压力为 p_1，它的作用仅仅是克服压射缸内活塞移动时的总摩擦力以及压射冲头与压室内表面之间的摩擦力，如图 1-2（b）所示。

在这个阶段，采用较低的冲头速度是为了在推动状态中，使金属液保持一个稳定的液面，防止金属液在推进时产生冲击而出现液面波动，使其越过压室浇注口而溅出。同时使压室中的气体在平稳状态下，顺利排出，以减少气体卷入金属液的概率。

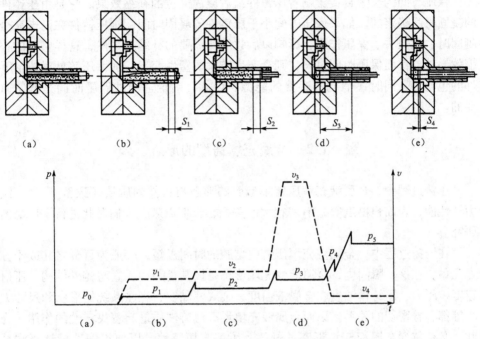

图 1-2 压铸压射过程有关参数变化关系
S—冲头位移；v—冲头移动速度；p—压射压力；t—时间

（3）堆聚阶段。压射冲头以略高于 v_1 的速度 v_2 向前移动，与速度相应的压力升到 p_2。当冲头移动距离为 S_2 时，由于内浇口截面积最小，即阻力最大，所以熔融金属在压室、横浇道和内浇口前沿堆聚，如图 1-2（c）所示。由于在这个阶段，压射冲头的速度不大，故金属液在向前移动时，所包卷的气体量不大。

（4）填充阶段。压射冲头以最大的速度 v_3 向前移动，在内浇口的阻力作用下，使压射压力升到 p_3，它推动金属液突破内浇口而以高速度（即内浇口速度）填充到模具型腔。在充满型腔时，压射冲头移动的距离为 S_3，如图 1-2（d）所示。

（5）增压保压阶段。在填充阶段，虽然金属液已充满型腔，液态金属已停止流动，但还存在疏散和不实的组织状态。特别是液态金属在冷却过程中，由于收缩会在局部区域产生缩孔、气孔及缺料等现象。为提高压铸件的力学性能，获得密实的组织结构，在金属液填充之后，再增大压射压力 p_4，并在增压机构的作用下，压射压力由 p_4 升至 p_5，p_5 即为压射过程的最终压力。增压保压过程是个补缩的过程，补充因冷却出现的空间。在一定的保压时间内，金属液在最终压力下边补缩，边固化，把可能产生的压铸缺陷减小到最低程度，得到组织致密的压铸件。在这个过程中，压射冲头的位移 S_4 的实际距离是很小的，如图 1-2（e）所示。

保压时间的长短直接影响着压铸件最后凝固部位的补缩效果。它是由压铸件的凝固时间确定的。如果保压时间小于压铸件的凝固时间，则压铸件在尚未完全凝固时，就失去了保压作用，影响以后收缩所需要的补缩，显然，这样整体的补缩效果较差；而保压时间过长，则会产生较大的塑性变形，加大压铸件对成形零件的包紧力，同时还消耗不必要的能源。因此，确定适当的保压时间是非常重要的。

❈   1.2   金属充填铸型的形态   ❈

压铸过程中，金属液充填压铸模型腔的形态与铸件的质量（致密度、气孔、力学性能、表面粗糙度等）有着很大的关系，长期以来，人们对此进行了广泛的研究。

在压铸过程中，金属液充填压铸模型腔的时间极短，一般为百分之几或千分之几秒，在这一瞬间内，金属液的充填形态是极其复杂的。它与铸件结构、压射速度、压力、压铸模温度、金属液温度、金属液黏度、浇注系统的形状和尺寸大小等都有着密切的关系。因而金属液充填形态对铸件质量起着决定性的作用，为此，必须掌握金属液充填形态的规律，了解充填特性，以便正确地设计浇注系统，获得优质铸件。

1.2.1   金属充填理论

金属液充填压铸模型腔的过程是一个非常复杂的过程，它涉及流体力学和热力学的一些理论问题。研究充填理论的目的在于运用这些理论以更好地指导选择合理的工艺方案和工艺参数，从而消除压铸生产中出现的各种缺陷，以获得优质的压铸件。充填过程主要有以下 3 种现象。

（1）压入。压射系统有必需的能量，对注入压室内的金属液施加高压力和高速度使熔液经压铸模的浇口流向型腔。

（2）金属液流动。熔液从内浇口注入型腔，而后熔液流动并充填型腔的各个角落，以获得形状完整、轮廓清晰的铸件。

（3）冷却凝固。熔液充填型腔后冷却凝固，此现象在充填过程中自始至终地进行着，必须在完全凝固前充满型腔各个角落。

为了探明压铸时液态金属充填型腔的真实情况，许多压铸工作者进行了一系列的实验研究工作，提出了各种充填理论。国内外压铸工作者对金属液充填形态提出的各种不同观点归纳起来有 3 种：喷射充填理论、全壁厚充填理论、三阶段充填理论。

1. 喷射充填理论

这是最早提出的一种金属充填理论，它是由弗洛梅尔（L. Frommer）于 1932 年根据锌合金压铸的实际经验并通过大量实验而得出的。实验铸型是一个在一端开设浇口的矩形截面型腔。通过研究，人们认为金属液的充填过程可以分为两个阶段，即冲击阶段和涡流阶段。在速度、压力均保持不变的条件下，金属液进入内浇口后仍保持内浇口截面的形状冲击到对面的型壁（冲击阶段）。随后，由于对面型壁的阻碍，金属液呈涡流状态，向着内浇口一端反向充填（涡流阶段）。这时，铸型侧壁对此回流金属流的摩擦阻力以及此金属流流动过程中温度降低所形成的黏度迅速增高，使此回流金属流的流速减慢。与此同时，一部分金属液积聚在型腔中部，导致液流中心部分的速度大于靠近型壁处的速度。图 1-3 所示为金属液在型腔内的充填形态。

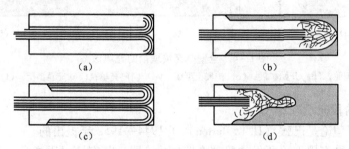

图 1-3 金属液在型腔内的充填形态

（a）冲击型壁；（b）回流；（c）积聚在型腔远端；（d）积聚在型腔中部

大量的实验证实，这一充填理论适用于具有缝形浇口的长方形铸件或具有大的充填速度以及薄的内浇口的铸件。

根据这一理论，金属液充填铸型的特性与内浇口截面积 A_g 和型腔截面积 A_1 的比值有关，压铸过程中应采用 $A_g/A_1 > (1/4 \sim 1/3)$，以控制金属液的进入速度，从而保持平稳充填。在此情况下，应在内浇口附近开设排气槽，使型腔内的气体能顺利排除。

2. 全壁厚充填理论

该理论是由布兰特（W. G. Brandt）于 1937 年用铝合金压入试验性的压铸型中得出的。实验铸型具有不同厚度（0.5 ~ 2 mm）的内浇口和不同厚度的矩形截面型腔。内浇口截面积与型腔截面积之比 A_g/A_1 在 0.1 ~ 0.6 的范围内，用短路接触器测定金属液在型腔内的充填轨迹。

该理论的结论如下。

（1）金属液通过内浇口进入型腔后，即扩展至型壁，然后沿整个型腔截面向前充填，直到整个型腔充满金属液为止。其充填形态如图1-4所示。

（2）整个充填过程中不出现涡流状态，在实验中没有发现金属堆积在型腔远端的任一实例，凡是远端有欠铸的铸件，在浇口附近反而完全填实。因此认为喷射充填理论是不符合实际情况的，并且推翻了喷射充填理论所提出的将复杂铸件看成若干个连续矩形型腔的说法。同时认为，无论 A_g/A_1 的值大于或小于 $1/4 \sim 1/3$，其结果并无区别。

按这种理论，金属的充填是由后向前的，流动中不产生涡流，型腔中的空气可以得到充分的排除。至于充填到最后，在进口处所形成的"死区"，完全符合液体由孔流经导管的水力学现象。

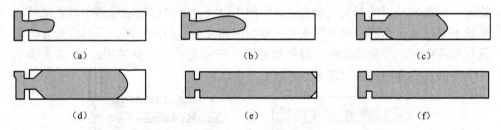

图1-4　全壁厚充填理论的充填形态

（a）进入型腔；（b）开始扩展；（c）扩展至型壁；（d）向前充填；（e）充至型壁；（f）充满型腔

3. 三阶段充填理论

此充填理论是巴顿（H. K. Barton）于1944—1952年提出的。

按三阶段充填理论所做的局部充填试验表明，其充填过程具有3个阶段，如图1-5所示。

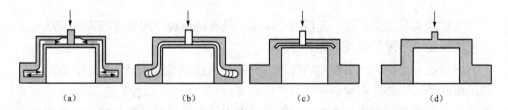

图1-5　三阶段充填理论的充填形态

（a）形成薄壳层；（b）继续充填；（c）即将充满；（d）充满型腔后形成封闭水力学系统

第一阶段：金属液射入型腔与型壁相撞后，就相反于内浇口或沿着型腔表面散开，在型腔转角处，由于金属液积聚而产生涡流，在正常均匀热传导下，与型腔接触部分形成一层凝固壳，即为铸件的表层，又称为薄壳层。

第二阶段：在铸件表层形成壳后，金属液继续充填铸型，当第二阶段结束时，型腔完全充满，此时，在型腔的截面上，金属液具有不同的黏度，其最外层

已接近于固相线温度，而中间部分黏度很小，还处于液态。

第三阶段：金属液完全充满型腔后，型腔、浇注系统和压室是一个封闭的水力学系统，在这一系统中各处压力是相等的，压射力通过铸件中心还处于液态的金属继续作用。

在实际生产中，大多数铸件（型腔）的形状比充填理论试验的型腔要复杂得多。通过对各种不同类型压铸件的缺陷分析和对铸件表面流痕的观察可知，金属在型腔中的充填形态并不是由单一因素决定的。例如，在同一铸件上，工艺参数的变动也会引起充填形态的改变；在同一铸件上，其各部位结构形式的差异亦可能产生不同的充填形态。至于采取哪种形态，则是由金属流经型腔部位的当时条件而定的。

上述 3 种充填理论，在不同的工艺条件下都有其实际存在的可能性，其中，全壁厚充填理论所提出的充填形态是最理想的。

1.2.2　理想充填形态在三级压射中的获得

压铸件的气孔、冷隔、流痕等缺陷都是由金属充填型腔时产生的涡流和裹气所引起的。涡流和裹气现象又是金属液高速射向型壁或两股金属流相对碰撞的结果。因此，理想充填形态的获得，应保证在金属液充满型腔的条件下，以最低的充填速度及浇注温度，使金属流形成与型腔基本一致的金属液柱，从一端顺利地充满型腔，排出气体。

但这一形态的获得，即使在适宜的浇注系统中使金属液起到较完善的整流和定向作用，若没有其他工艺条件的配合，亦难达到充填过程中各阶段的要求。

三级压射速度的定点压射是改善充填形态的有效方法。所谓三级压射速度定点压射是指压射缸在压射过程中，按充填各阶段的要求，分为三级压射速度，每一级压射的始终位置均有严格的控制。

在第一级压射时，压射冲头以较慢的速度推进，以利于将压室中的气体挤出，直至金属液即将充满压室为止。

第二级压射则是按铸件的结构、壁厚选择适当的流速，以在充满型腔过程中金属液不凝固为原则，用糊状金属把型腔基本充满。

第三级压射是在金属液充满型腔的瞬间以高速高压施加于金属液上，增压后使铸件在压力的作用下凝固，以获得轮廓清晰、表面质量高、内部组织致密的优质铸件。

由上述充填过程可知，三级压射可避免一般充填中所发生的裹气和涡流现象。在第二级压射中，金属液流进内浇口后，温度有所下降，黏度相应提高；同时，金属液在流入型腔后，因容积突然增大，向外扩张，当金属液接触到型壁后，金属液流随型腔而改变形状，此时由于金属液对型壁有黏附性，更使它的流动性降低。这样，在型腔表面形成一层极薄的表皮，随后按金属流向逐步充填铸型。因此，在适当的铸型温度及金属液温度下，第二级压射形成了金属流端部的金属柱后，即使再增加压射速度，亦不致有产生涡流的危害。所以，第二种充填形态的获得有利于避免气孔，特别对厚壁铸件功效更大。

1.2.3　金属液在型腔中的几种充填形态

图1-6所示为在某一压力下金属的充填形态。当改变内浇口截面积与铸件截面积之比时，充填所需的时间也不同，当 $A_g/A_1 = 1/3$ 时，充填所需时间最短。

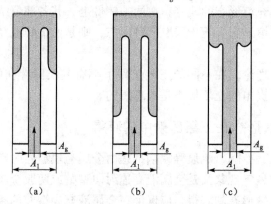

图1-6　不同内浇口截面积厚度的充填形态

(a) $A_g/A_1 \approx 1/4 \sim 1/3$；(b) $A_g/A_1 = 1/3$；(c) $A_g/A_1 > 1/3$

图1-7所示为在一般压力下，内浇口在型腔一侧时的充填形态。

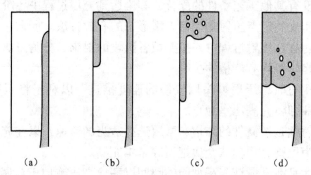

图1-7　内浇口在型腔一侧时的充填形态

(a) 进入型腔；(b) 回流；(c) 继续充填；(d) 全壁厚充填

图1-8所示为型腔特别薄时（对锌合金可以薄到0.4 mm）的充填形态。金属流厚度接近于型腔，故金属流入型腔后，即与型腔的一侧或两侧接触（见图1-8 (a)、(b)）。与型腔接触的金属因冷却而温度降低，中间的金属从冷凝金属层1上面滑过去，又与前方的型腔壁接触，而新的金属液2从两侧逐渐冷却凝固的金属层中通过（见图1-8 (c)、(d)）。

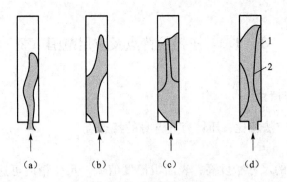

图1-8 薄壁型腔充填形态

(a) 一侧接触；(b) 两侧接触；(c) 从冷凝金属层上滑过；(d) 新金属从冷凝金属层中通过

1—冷凝金属层；2—金属液

图1-9所示为金属流在型腔转角处的充填形态。金属液流入型腔转角处会产生涡流（见图1-9 (b)），基本上没有向前流动的速度，在型腔垂直部分充满以前向左移动甚慢（见图1-9 (c)），在垂直部分充满以后，后面的金属推动前面的金属向左流动（见图1-9 (d)）。

图1-10所示为型腔表面是一圆弧面时的金属充填形态。金属液有靠近外壁流动的趋势，因此，靠近内壁处的空气无法排出，易产生缺陷。

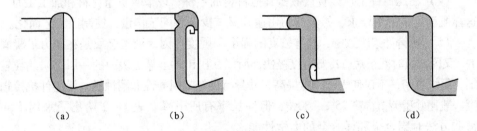

图1-9 金属流在型腔转角处的充填形态

(a) 进入型腔；(b) 在转角处产生涡流；(c) 充填垂直部分；(d) 向左充填

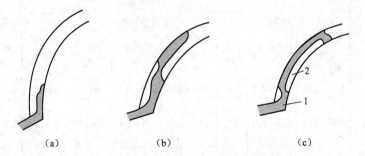

图1-10 金属液在圆弧面处的充填形态

(a) 进入型腔；(b) 流向外型壁；(c) 靠近外型壁流动

1—金属液；2—无法逸出的空气

※ **1.3 压铸的特点及应用范围** ※

1.3.1 压铸的特点

与其他铸造方法相比，压铸有其自身的特点。

1. 优点

（1）压铸件的尺寸精度高，表面粗糙度值低 尺寸精度可达 IT11 ~ IT13 级，有时可达 IT9 级。表面粗糙度达 $Ra0.8 ~ 3.2~\mu m$，有时达 $Ra0.4~\mu m$，产品互换性好。

（2）材料利用率高 由于压铸件具有尺寸精确、表面粗糙度值低等优点，一般不再进行机械加工而直接装配使用，或加工量很小，只需经过少量机械加工即可装配使用，所以既提高了金属利用率，又减少了大量的加工设备和工时。其材料利用率为 60% ~ 80%，毛坯利用率达 90%。

（3）可以制造形状复杂、轮廓清晰、薄壁深腔的金属零件 因为熔融金属在高压高速下保持高的流动性，因而能够获得其他工艺方法难以加工的金属零件。例如，当前锌合金压铸件最小壁厚可达 0.3 mm；铝合金压铸件可达 0.5 mm；最小铸出孔直径为 0.7 mm；可铸出螺纹的最小螺距为 0.75 mm。

（4）在压铸件上可以直接嵌铸其他材料的零件，以节省贵重材料和加工工时 这样既满足了使用要求，扩大产品用途，又减少了装配工作量，使制造工艺简化。

（5）压铸件组织致密，具有较高的强度和硬度 因为液态金属是在压力下凝固的，又因充填时间很短，冷却速度极快，所以在压铸件上靠近表面的一层金属晶粒较细，组织致密，不仅使表面硬度提高，并具有良好的耐磨性和耐蚀性。压铸件抗拉强度一般比砂型铸造提高 25% ~ 30%，但伸长率有所下降。表 1 - 2 给出了采用不同铸造方法时铝合金和镁合金的力学性能。

表 1 - 2 不同铸造方法时铝合金和镁合金的力学性能

合金	力学性能								
	压力铸造			金属型铸造			砂型铸造		
	抗拉强度 /(σ_b · MPa^{-1})	伸长率 /%	硬度 /HBS	抗拉强度 /(σ_b · MPa^{-1})	伸长率 /%	硬度 /HBS	抗拉强度 /(σ_b · MPa^{-1})	伸长率 /%	硬度 /HBS
铝硅合金	200 ~ 250	1.0 ~ 2.0	84	180 ~ 220	2.0 ~ 6.0	65	170 ~ 190	4.0 ~ 7.0	60
铝硅合金 （w_{Cu} 为 0.8%）	200 ~ 230	0.5 ~ 1.0	85	180 ~ 220	2.0 ~ 3.0	60 ~ 70	170 ~ 190	2.0 ~ 3.0	65
铝合金	200 ~ 220	1.5 ~ 2.2	86	140 ~ 170	0.5 ~ 1.0	65	120 ~ 150	1.0 ~ 2.0	60
镁合金 （w_{Al} 为 10%）	190	1.5	—	—	—	—	150 ~ 170	1.0 ~ 2.0	—

（6）生产率极高。因为压铸生产易实现机械化和自动化操作，生产周期短，效率高，适合大批量生产。在所有铸造方法中，压铸是一种生产率最高的方法。例如一般冷压室压铸机平均每班可压铸 600～700 次；小型热压室压铸机平均每班可压铸 3 000～7 000 次。另外压铸型寿命长，一副压铸型压铸铝合金寿命可达几十万次，甚至上百万次。

2. 缺点

（1）压铸件常有气孔及氧化夹杂物存在。这是由于压铸时液体金属充填速度极快，型腔中气体很难完全排除所致，从而降低了压铸件质量。另外，高温时气孔内的气体膨胀会使压铸件表面鼓泡，因此，压铸件一般不能进行热处理，也不宜在高温下工作。

（2）不适合小批量生产。其主要原因是压铸机和压铸模费用昂贵，压铸机生产效率高，小批量生产不经济。

（3）压铸件尺寸受到限制。因受到压铸机锁模力及装模尺寸的限制而不能压铸大型压铸件。对内凹复杂的铸件，压铸生产也较为困难。

（4）压铸合金种类受到限制。由于压铸模具受到使用温度的限制，高熔点合金（如黑色金属）压铸模寿命较低，难以用于实际生产。目前，用来压铸的合金主要是锌合金、铝合金、镁合金及铜合金。

1.3.2 压铸的应用范围

压铸是近代金属加工工艺中发展较快的一种高效率、少无切削的金属成形精密铸造方法。由于上述压铸的优点，这种工艺方法已广泛地应用在国民经济的各行各业中。压铸件除用于汽车和摩托车、仪表、工业电器外，还广泛应用于家用电器、农机、无线电、通信、机床、运输、造船、照相机、钟表、计算机、纺织器械等行业。其中，汽车和摩托车制造业是最主要的应用领域，汽车约占 70%，摩托车约占 10%。目前生产的一些压铸零件最小的只有几克，最大的铝合金铸件质量达 50 kg，最大的直径可达 2 m。

压铸零件的形状有多种多样，大体上可以分为 6 类：

（1）圆盖类。表盖、机盖、底盘等。

（2）圆盘类。号盘座等。

（3）圆环类。接插件、轴承保持器、方向盘等。

（4）筒体类。凸缘外套、导管、壳体形状的罩壳、仪表盖、上盖、深腔仪表罩、照相机壳与盖、化油器等。

（5）多孔缸体、壳体类。汽缸体、汽缸盖及油泵体等多腔的结构较为复杂的壳体（这类零件对力学性能和气密性均有较高的要求，材料一般为铝合金），例如汽车与摩托车的汽缸体、汽缸盖等。

（6）特殊形状类。叶轮、喇叭、字体等由筋条组成的装饰性压铸件等。

目前，用压铸方法可以生产铝、锌、镁和铜等合金。基于压铸工艺的特点，由于目前尚缺乏理想的耐高温模具材料，黑色金属的压铸尚处于研究试验阶段。在有色合金的压铸中，铝合金占比例最高，为60%～80%；锌合金次之，为10%～20%。在国外，锌合金铸件绝大部分为压铸件。铜合金压铸件较少，比例仅占压铸件总量的1%～3%。镁合金压铸件过去应用很少，曾应用于林业机械中，不到1%。但近年来随着汽车工业、电子通信工业的发展和产品轻量化的要求，加之近期镁合金压铸技术日趋完善，镁合金压铸件市场受到关注。目前，在世界范围内已经形成有一定规模的汽车行业、IT行业、基础结构件的镁合金生产群体，镁合金压铸件的应用逐渐增多，其产量有明显增加，并且预计将来还会有较大发展。

1.4　压铸技术的发展

由于压铸成形有不可比拟的突出优点，在工业技术快速发展的年代，必将得到越来越广泛的应用。特别是在大批量的生产中，虽然模具成本高一些，但总的说来，其生产的综合成本则得到大幅度的降低。在这个讲求微利的竞争时代，采用金属压铸成形技术，更有其积极和明显的经济价值。

近年来，汽车工业的飞速发展给压铸成形的生产带来了机遇。出于可持续发展和环境保护的需要，汽车轻量化是实现环保、节能、节材、高速的最佳途径。因此，用压铸合金件代替传统的钢铁件，可使汽车质量减轻30%以上。同时，压铸合金件还有一个显著的特点是热传导性能良好，热量散失快，提高了汽车的行车安全性。因此，金属压铸行业正面临着发展的机遇，其应用前景十分广阔。

中国的压铸业经历了50多年的锤炼，已成长为具有相当规模的产业，并保持每年8%～12%的增长速度。但是由于企业综合素质还有待提高，技术开发滞后于生产规模的扩大，经营方式滞后于市场竞争的需要。从总体看，我国是压铸大国之一，但不是强国，压铸业的水平还比较落后。如果把中、日、德、美4国按综合系数相比，以中国为1，则日本为1.75，德国为1.75，美国为2.4。可以看出，我国的压铸工业与国际上先进国家相比还有差距，而这些差距正为我国压铸业发展提供了广阔的空间。

压铸成形技术今后的发展方向如下。

（1）向大型化发展。随着市场经济的繁荣，新产品开发的势头迅猛。为了满足大型结构件的需要，无论是压铸机还是压铸模，向大型化方向发展势在必行。

（2）提高压铸生产的自动化水平。目前，压铸生产的状况是，压铸效率不高和人力资源的浪费制约了压铸生产的发展。比如，在冷压室压铸机上，金属液的注入以及压铸件的取出等运行程序的自动化程度还不高，因此，在这些环节中，只有提高自动化程度才能满足大发展形势的需要。

（3）逐步改进和提高压铸工艺水平。压铸工艺是一项错综复杂的工作。除了从理论上研究外，还需经过实践的摸索和积累才能得到逐步的提高。但从现状看，还有一些亟待完善的问题。比如，如何在金属液填充型腔时，减少和消除气体的卷入，生产出无气孔的压铸件来；如何改进压铸工艺的条件，消除压铸件的缩孔、冷隔、裂纹等压铸缺陷，提高压铸件的综合力学性能。

目前已有这方面的实践，如采用真空压铸以提前消除型腔中的气体，以及采用超高速压铸使气孔微细化等新技术，均获得了较理想的效果。

（4）提高模具的使用寿命。压铸模是在高温高压状态下工作的，因此压铸模的使用寿命受到一定的影响。目前，我国压铸模的使用寿命与先进国家相比，仍有较大的差距。就大中型压铸模而言，国内的使用寿命一般为 3 万 ~ 8 万次，而先进国家则为 10 万 ~ 15 万次。

提高压铸模的使用寿命，首先从提高模具材料的综合性能及热处理技术入手，提高模具的耐热、耐磨、耐冲击、耐疲劳性能。同时，提高模具成形零件的制造精度和表面粗糙度，对延长模具寿命也有积极的意义。

第 2 章　压铸合金及压铸件设计

❈　2.1　压铸合金　❈

早期的压铸件是用铅、锡、锑等低熔点合金制造的，但作为机械制造的结构材料，这些合金并不是很理想的。随着对结构件要求的提高，现在大多数已被替代。目前，大多数的压铸件实际上是用铝合金、锌合金、镁合金和铜合金制成的，其中以铝合金和锌合金应用最广泛，镁合金的应用呈增长趋势，黑色金属的压铸因需要采用昂贵的压铸模材料以及特殊的熔化设备等，目前仅有很少量的应用。

2.1.1　压铸锌合金

锌合金熔点低，密度大，$\rho = 6.8 \ \mathrm{kg/m^3}$ 左右，铸造性能好，可压铸复杂的零件，压铸时不粘模，压铸件表面易镀 Cr、Ni 等金属，机械切削性能好，但易老化，抗腐蚀性能不高。国家标准（GB/T 13818—1992）规定了压铸锌合金的牌号、代号、代学成分和力学性能，如表 2-1 所示。

表 2-1　压铸锌合金的化学成分和力学性能

合金牌号	合金代号	化学成分（质量分数）/%									力学性能（不低于）			
		主要成分			杂质（不大于）						σ_b /MPa	δ_5 /%	HB	a_k/(J· cm^{-2})
		Al	Cu	Mg	Zn	Fe	Pb	Sn	C	Cu				
ZZnAl 4Y	YX040	3.5 ~ 4.3	—	0.02 ~ 0.06	其余	0.1	0.005	0.003	0.004	0.25	250	1	80	35
ZZnAl 4Cu1Y	YX041	3.5 ~ 4.3	0.75 ~ 1.25	0.03 ~ 0.08		0.1	0.005	0.003	0.004	—	270	2	90	39
ZZnAl 4Cu3Y	YX043	3.5 ~ 4.3	2.5 ~ 3.0	0.02 ~ 0.06		0.1	0.005	0.003	0.004	—	320	2	95	42

2.1.2 压铸铝合金

铝合金的熔点比锌合金高，密度较小，$\rho = 2.7$ kg/m^3 左右，强度较高，耐磨性较好，导热、导电性能好，机械切削性能良好。但由于铝与铁有很强的亲和力，易黏模，加入 Mg 以后可得以改善。铝合金熔炼时还需精炼除气，提高熔炼质量。国家标准（GB/T 15115—1994）规定了压铸铝合金的牌号、代号、化学成分和力学性能，如表 2 – 2 所示。

表 2 – 2　压铸铝合金的化学成分和力学性能

合金牌号	合金代号	化学成分（质量分数）/%											力学性能(不低于)		
		Si	Cu	Mn	Mg	Fe	Ni	Ti	Zn	Pb	Sn	Al	σ_b/MPa	δ_5/%	HB
YZAl Si12	YL102	10.0 ~ 13.0	≤0.6	≤0.6	≤0.05	≤1.2	—	—	≤0.3	—	—	其余	220	2	60
YZAl Si10Mg	YL104	8.0 ~ 10.5	≤0.3	0.2 ~ 0.5	0.17 ~ 0.30	≤1.0	—	—	≤0.3	≤0.05	≤0.01		220	2	70
YZAlSi12 Cu2Mg1	YL108	11.0 ~ 13.0	1.0 ~ 2.0	0.3 ~ 0.9	0.4 ~ 1.0	≤1.0	≤0.05	—	≤0.3	≤0.05	≤0.01		240	1	90
YZAl Si9Cu4	YL112	7.5 ~ 9.5	3.0 ~ 4.0	≤0.5	≤0.3	≤1.2	≤0.5	—	≤1.2	≤0.1	≤0.1		240	1	85
YZAl Si11Cu3	YL113	9.6 ~ 12.0	1.5 ~ 3.5	≤0.5	≤0.3	≤1.2	≤0.5	—	≤1.0	≤0.1	≤0.1		230	1	80
YZAlSi17 Cu5Mg	YL117	16.0 ~ 18.0	4.0 ~ 5.0	≤0.5	0.45 ~ 0.65	≤1.2	≤0.1	≤0.1	≤1.2	—	—		220	<1	—
YZAl Mg5Si1	YL303	0.8 ~ 1.3	≤0.1	0.1 ~ 0.4	4.5 ~ 5.5	≤1.2	—	≤0.2	≤1.2	—	—		220	2	70

2.1.3 压铸镁合金

镁合金的特点是密度小，$\rho = 1.4$ kg/m^3 左右，一般为铸铁的 25%，铝合金的 64%，机械强度高，常用于既要求轻又要求有一定机械强度的场合。镁合金不易粘模。但镁合金氧化严重，易出现氧化夹杂，烧损严重，必须保护镁液表面不与大气接触，防止熔液表面氧化和形成氧化皮，因此，镁合金的熔化通常被认为是一个难题。加入 0.001% 的铍有助于防止氧化，还必须在保护气氛下进行熔化，一般用惰性气体保护熔炼和注入压室。国家标准（GB/T 1177—1991）规定了压铸镁合金的牌号、化学成分和力学性能，如表 2 – 3 所示。

表 2-3　压铸镁合金的化学成分和力学性能

合金牌号	合金代号	化学成分（质量分数）/%									热处理状态	力学性能	
		主要成分				杂质（不大于）						σ_b/MPa	δ_5/%
		Al	Zn	Mn	Mg	Fe	Si	Ni	Cu	总和			
ZMgA18Zn	YM5	7.5~9.0	0~0.8	0.1~0.5	其余	0.05	0.30	0.01	0.20	0.50		145	2
											T_4	230	6
											T_6	230	2

2.1.4　压铸铜合金

铜合金机械强度高，导热性和导电性好，密度大，熔点高，模具寿命较低。铜合金的价格比较贵，在铜合金中加入锰可以提高压铸件的抗腐蚀性；铅基本上不溶于铜，它在铜内有助于提高切削性能；而铝可以防止锌的氧化和烧损，并提高流动性，国家标准（GB/T 15116—1994）规定了压铸铜合金的牌号、代号、化学成分和力学性能，如表2-4所示。

表 2-4　压铸铜合金的化学成分和力学性能

合金牌号	合金代号	化学成分（质量分数）/%															力学性能(不低于)		
		主要成分							杂质含量（不大于）								σ_b/MPa	δ_5/%	HB
		Cu	Pb	Al	Si	Mn	Fe	Zn	Fe	Si	Ni	Sn	Mn	Al	Pb	Sb	总和			
YZCuZn40Pb	YT40-1	58.0~63.0	0.5~1.5	0.2~0.5	—	—	—		0.8	0.05	—	0.5	—	—	1.0		1.5	300	6	85
YZCuZn16Si4	YT16-4	79.0~81.0	—	—	2.5~4.5	—	—	其余	0.6	—	—	0.3	0.5	0.1	0.5	0.1	2.0	345	25	85
YZCuZn30A13	YT30-3	66.0~68.0	—	2.0~3.0	—	—	—		0.8	—	1.0	1.5	—	1.0	—		3.0	400	15	110
YZCuZn35Al2Mn2Fe	YT35-2-2-1	57.0~65.0	0.5~2.5	—	—	0.1~3.0	0.5~2.0		—	0.1	3.0	1.0	—	—	0.5	0.4	2.0	475	3	130

❈ 2.2 压铸件设计 ❈

压铸件设计是压铸生产技术中十分重要的环节。设计压铸件除要满足使用要求外，同时应该满足成形工艺要求并且尽量做到模具结构简单、生产成本低。

2.2.1 压铸件的精度、表面粗糙度及加工余量

压铸件的精度较高，表面光洁，且稳定性好，因此，压铸件具有很好的互换性。

1. 压铸件的尺寸精度

压铸件的尺寸精度取决于压铸件的设计、模具结构以及模具制造的质量。通常，压铸件的尺寸精度比模具的精度低 3～4 级。压铸件尺寸稳定性取决于工艺因素、操作条件、模具修理次数及其使用期限等各方面因素。压铸件的尺寸精度一般按机械加工精度来选取，在满足使用要求的前提下，尽可能选取较低的精度等级。此外，同一压铸件上不同部位的尺寸可按照实际使用要求选取不同的精度，以提高经济性。

1）长度尺寸

压铸件能达到的尺寸公差及配合尺寸公差等级如表 2-5 所示。

表 2-5 压铸件尺寸公差等级

压铸件的材料	压铸件空间对角线长度/mm							
	~50	>50～180	>180～500	>500	~50	>50～180	>180～500	>500
	可能达到的公差等级（GB 1800—1979）				配合尺寸公差等级（GB 1800—1979）			
锌合金	8～9	10	11	12～13	10	11	12～13	—
铝合金	10	11	12～13	12～13	11	12～13	14	14
镁合金	10	11	12～13	12～13	11	12～13	14	14
铜合金	11	12～13	14	12～13	12～13	14	—	—

根据尺寸公差等级定出公差值后，公差带位置可按以下原则确定：待加工的尺寸，孔取负值（-），轴取正值（+），或孔与轴均取双向偏差（±），但其值取公差值的1/2；不加工的配合尺寸，孔取正值（+），轴取负值（-）；非配合尺寸，根据压铸件的结构情况，其公差值可取单向，也可取双向，当取双向时其值取公差值的1/2。

压铸件上一些受分型面或压铸模活动成形零件影响的尺寸，确定它们的公差值时，在按表 2-5 查取的公差等级求得公差值的基础上，还应加上一附加公差值。附加公差值按表2-6选取。例如，一铝合金压铸件上某个受分型面影响的

部位的公称尺寸为 66，选取 IT12 级精度，其标准公差数值为 0.30 mm。又设压铸件在分型面上的投影面积小于 150 cm²，则由表 2-6 查得附加公差值为 0.10 mm。该尺寸因受分型面的影响加入附加公差后为：

当取值向公差的正向时，加入附加公差后即为 $66^{+0.40}_{0}$；

当取值向公差的负向时，加入附加公差后即为 $66^{+0}_{-0.40}$；

当取值向公差时，加入附加公差后即为 66 ± 0.20。

附加公差是增量还是减量取决于该尺寸所处部位。

表 2-6　长度尺寸受分型面或活动成形零件影响时的附加公差值　　　　mm

受分型面影响时的附加公差值				受活动成形零件影响时的附加公差值			
压铸件在分型面上的投影面积/cm²	附加公差值			压铸模活动部位的投影面积/cm²	附加公差值		
	锌合金	铝合金	铜合金		锌合金	铝合金	铜合金
≤150	0.08	0.10	0.10	≤30	0.10	0.15	0.25
>150~300	0.10	0.15	0.15	>30~100	0.15	0.20	0.35
>300~600	0.15	0.20	0.20	>100	0.20	0.30	—
>600~1 200	0.20	0.30	—				

注：1. 一模多腔时，压铸模分型面上的投影面积为各压铸件投影面积之和。
　　2. 附加公差取正值还是取负值取决于该尺寸所处部位。

2）厚度尺寸

壁厚、肋厚、法兰或凸缘厚度等尺寸公差按表 2-7 选取。

表 2-7　厚度尺寸公差　　　　mm

压铸件的厚度尺寸	<1	>1~3	>3~6	>6~10
不受分型面和活动成形零件的影响	±0.15	±0.20	±0.30	±0.40
受分型面和活动成形零件的影响	±0.25	±0.30	±0.40	±0.50

3）圆角半径尺寸

圆角半径尺寸公差按表 2-8 选取。

表 2-8　圆角半径尺寸公差　　　　mm

圆角半径	≤3	>3~6	>6~10	>10~18	>18~30	>30~50	>50~80
公　差	±0.3	±0.4	±0.5	±0.7	±0.9	±1.2	±1.5

4）角度

压铸件上的角度公差是由设计要求和工艺能达到的程度共同决定的，对于一般要求的角度公差，可按表 2-9 选取。

表 2 - 9 压铸件一般要求的角度公差

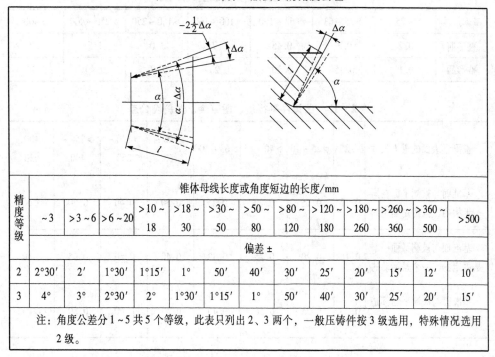

精度等级	锥体母线长度或角度短边的长度/mm												
	~3	>3~6	>6~20	>10~18	>18~30	>30~50	>50~80	>80~120	>120~180	>180~260	>260~360	>360~500	>500
	偏差 ±												
2	2°30′	2′	1°30′	1°15′	1°	50′	40′	30′	25′	20′	15′	12′	10′
3	4°	3°	2°30′	2°	1°30′	1°15′	1°	50′	40′	30′	25′	20′	15′

注：角度公差分 1～5 共 5 个等级，此表只列出 2、3 两个，一般压铸件按 3 级选用，特殊情况选用 2 级。

5）孔中心距尺寸

孔中心距尺寸公差按表 2 - 10 选取。若受模具分型面或活动成形零件影响，在基本尺寸公差上要再加上附加公差。

表 2 - 10 孔中心距尺寸公差   mm

基本尺寸 铸件材料	~18	>18~30	>30~50	>50~80	>80~120	>120~160	>160~210	>210~260	>260~310	>310~360
锌合金、铝合金	0.10	0.12	0.15	0.23	0.30	0.35	0.40	0.48	0.56	0.65
镁合金、铜合金	0.16	0.20	0.25	0.35	0.48	0.60	0.78	0.92	1.08	1.25

2. 表面形状和位置

压铸件的表面形状和位置主要由压铸模的成形表面决定，而压铸模成形表面的形位公差精度较高，所以对压铸件的表面形位公差一般不另行规定，其公差值包括在有关尺寸的公差范围内。对于直接用于装配的表面，类似机械加工零件，应在图中注明表面形状和位置公差。

对于压铸件而言，变形是一个不可忽视的问题，整形前和整形后的平面度和直线度公差按表 2 - 11 选取。平行度、垂直度和倾斜度公差按表 2 - 12 选取。同轴度和对称度公差按表 2 - 13 选取。

表 2 - 11　压铸件平面度和直线度公差　　mm

基本尺寸	~25	>25~63	>63~100	>100~160	>160~250	>250~400	>400
整形前	0.2	0.3	0.45	0.7	1.0	1.5	2.2
整形后	0.1	0.15	0.20	0.25	0.30	0.40	0.50

表 2 - 12　压铸件平行度、垂直度、倾斜度公差　　mm

被测量表面的最大尺寸	~25	>25~40	>40~63	>63~100	>100~160	>160~250	>250~400	>400~630
基准面与被测平面在同一半模内，且都是固定的	0.12	0.15	0.20	0.25	0.30	0.40	0.50	0.60
基准面与被测平面一个是固定的，一个是活动的	0.16	0.20	0.25	0.32	0.40	0.50	0.65	0.80
基准面与被测平面都是活动的	0.20	0.25	0.30	0.40	0.50	0.60	0.80	1.00

表 2 - 13　压铸件同轴度和对称度公差　　mm

被测表面的最大尺寸	0~30	>30~50	>50~120	>120~250	>250~500	>500~800
基准面与被测平面在同一半模内且构成其的成形零件是固定的	0.10	0.12	0.15	0.20	0.25	0.30
成形基准面与被测平面的成形零件分别是固定的和活动的	0.15	0.20	0.25	0.30	0.40	0.50

3. 表面粗糙度

压铸件的表面粗糙度取决于压铸模成形零件型腔表面的粗糙度，通常压铸件的表面粗糙度比模具相应成形表面的粗糙度高两级。若是新模具，压铸件的表面粗糙度应达到GB 1031—1983 的 $Ra2.5 \sim 0.63\ \mu m$，要求高的可达到 $Ra0.32\ \mu m$。随着模具使用次数的增加，压铸件的表面粗糙度逐渐增大。

4. 加工余量

当压铸件某些部位尺寸精度或形位公差达不到设计要求时，可在这些部位适当留取加工余量，用后续的机械加工来达到其精度要求。由于压铸件的表层组织致密、强度高，因此机械加工余量应选用小值。压铸件的机械加工余量按表 2 - 14 选取。

表 2-14 压铸件机械加工余量　　　　　mm

尺寸	~30	>30~50	>50~80	>80~120	>120~180	>180~260	>260~360	>360~500
每面余量	0.3	0.4	0.5	0.6	0.7	0.8	1.0	1.2

注：1. 待加工的内表面尺寸以大端为基准，外表面尺寸以小端为基准。

　　2. 机械加工余量取铸件最大尺寸与公称尺寸两个加工余量的平均值。

　　3. 直径小于 18 mm 的孔，铰孔余量为孔径的 1%；大于 18 mm 的孔，铰孔余量为孔径的 0.6%~0.4%，并小于 0.3 mm。

2.2.2　压铸件基本结构单元设计

不论零件如何复杂，都可以将其分解为壁、连接壁的圆角、孔和槽、肋、凸台、螺纹等部分，这些部分就是组成零件的结构单元。

1. 壁的厚度、连接形式及连接处的圆角

压铸件壁的厚薄对其质量有很大的影响。压铸件表面约 0.8~1.2 mm 的表层由于快速冷却而晶粒细小、组织致密，它的存在使压铸件的强度较高。而若是厚壁压铸件，其壁中心层的晶粒粗大，易产生缩孔、缩松等缺陷。通常，压铸件的力学性能随着壁厚增加而降低，而且也增加了材料的用量和压铸件的重量。图 2-1 所示为铸件壁厚对抗拉强度的影响。图 2-2 所示为铝合金压铸件壁厚与抗拉强度及比重的关系。当然，壁太薄可能出现欠铸、冷隔等缺陷。因此，在保证压铸件有足够强度和刚度的条件下，以薄壁和均匀壁厚为佳。一般情况下，壁厚不宜超过 4.5 mm，同一压铸件内，最大壁厚与最小壁厚之比不要大于 3。压铸件总体尺寸越大，壁厚也应越厚。而壁厚一定时，该壁厚的面积也应受到一定的限制。压铸件的最小壁厚与适宜壁厚如表 2-15 所示。

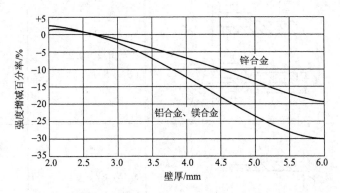

图 2-1　压铸件壁厚对抗拉强度的影响

为有利于金属液流动和压铸件成形，避免压铸件和压铸模产生应力集中和裂纹，压铸件壁与壁的连接通常采用国内外设计标准推荐的圆角和隅部加强渐变过渡连接。各种过渡连接形式及尺寸计算如表 2-16 所示。

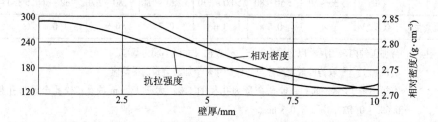

图 2-2 铝合金压铸件壁厚与抗拉强度及相对密度的关系

表 2-15 压铸件最小壁厚和适宜壁厚

壁厚处的面积 $a \times b/cm^2$	壁厚 s/m							
	锌合金		铝合金		镁合金		铜合金	
	最小	适宜	最小	适宜	最小	适宜	最小	适宜
≤25	0.5	1.5	0.8	2.0	0.8	2.0	0.8	1.5
>25~100	1.0	1.8	1.2	2.5	1.2	2.5	1.5	2.0
>100~500	1.5	2.2	1.8	3.0	1.8	3.0	2.0	2.5
>500	2.0	2.5	2.5	3.5	2.5	3.5	2.5	3.0

表 2-16 压铸件壁的连接形式及尺寸计算

连接形式	示 意 图	尺寸计算	备 注
水平连接		$S_1/S_2 \leqslant 2$ $R = (0.2 \sim 0.25)$ $(S_1 + S_2)$	
		$S_1/S_2 > 2$ $L \geqslant 4(S_1 - S_2)$	

续表

连接形式	示 意 图	尺寸计算	备 注
垂直连接		(a) $R_{fmin} = KS$ $R_{fmax} = S$ $R_a = R_f + S$ (b) $S_1 \neq S_2$ $R_f \geq (S_1 + S_2)/3$ $R_a = R_f + (S_1 + S_2)/2$	对锌合金铸件， $K = 1/4$ 对铝、镁、铜合金铸件， $K = 1/2$
丁字连接		$S_1/S_2 \leq 1.75$ $R = 0.25(S_1 + S_2)$ $S_1/S_2 > 1.75$ 加强 S_2 壁 $h = (S_1 + S_2)^{1/3}$ 加强 S_1 壁 $h = 0.5(S_1 + S_2)$ $L \geq 4h$ $0.1 \leq R \leq S_1$ 或 (S_2)	
交叉连接		当有不同壁厚出现时，以最小壁厚代入 (a) $\beta = 90°$　$R = S$ (b) $\beta = 45°$　$R_1 = 0.7S$ $R_2 = 1.5S$ (c) $\beta = 30°$　$R_1 = 0.5S$ $R_2 = 2.5S$	

2. 脱模斜度

脱模斜度又称铸造斜度。为了便于压铸件从压铸模中脱出及防止划伤铸件表面，铸件上所有与模具运动方向（即脱模方向）平行的孔壁和外壁均需具有脱模斜度。最好在设计压铸件时就在结构上留有斜度。若压铸件设计时未考虑脱模斜度，则由压铸工艺来考虑。

脱模斜度一般不计入公差范围内，其大小根据合金性质、脱模深度、形状复杂程度以及壁厚而定。一般高熔点合金压铸件的脱模斜度大于低熔点合金压铸件的；脱模深度浅的大于深的；形状复杂的大于形状简单的；厚壁的大于薄壁的；内孔的大于外壁的。一般在满足压铸件使用要求的前提下，脱模斜度应尽可能取大值。表2－17所示为最小脱模斜度值。

表2－17　最小脱模斜度值

	合金种类	配合面最小脱模斜度		非配合面最小脱模斜度		备　注
		外表面 α	内表面 β	外表面 α	内表面 β	表中数值适用于型腔深度或型芯高度≤50 mm，表面粗糙度为 $Ra\,0.4\ \mu m$ 的压铸件。若尺寸超过或表面粗糙度低于 $Ra\,0.4\ \mu m$，数值可适当减少
	锌合金	10′	15′	15′	45′	
	铝合金	15′	30′	30′	1°	
	镁合金	15′	30′	30′	1°	
	铜合金	30′	45′	1°	1°30′	

3. 压铸孔和槽

压铸成形的一个特点是能直接铸出小而深的孔和槽，对一些精度要求不很高的孔和槽，可以不必再进行机械加工就能直接使用，从而节省了金属和机械加工工时。

压铸件上可以铸出的孔和槽的最小尺寸和深度是有限制的。此外，孔径与孔距也有关系。因为压铸后铸件收缩时，不但对模具上的型芯产生很大的包紧力，同时整个铸件亦向基本形状的几何中心方向收缩，所产生的收缩力使细长型芯可能因此而弯曲或折断。为此，必要时可采取阻碍收缩的措施，如图2－3所示，或改变型芯悬臂受力状态，如图2－4所示。

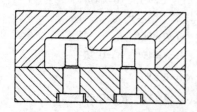

图2－3　用阻碍收缩措施减少收缩

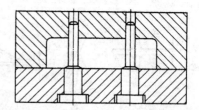

图2－4　改变型芯悬臂受力状态

可压铸出的孔的最小直径、最大深度和最小斜度如表 2 - 18 所示。

表 2 - 18　压铸孔的最小直径、最大深度和最小斜度

合金种类	最小直径/mm		最大深度（为该孔直径的倍数）		最小铸造斜度
	一般的	可达到的	盲　孔	通　孔	
锌合金	1.0	0.7	4d	8d	0°～0°15′
铝合金	2.5	0.7	>n5 mm 为 4d，<n5 mm 为 3d	>n5 mm 为 7d，<n5 mm 为 5d	0°15～0°45′
镁合金	2.0	1.5	>n5 mm 为 4d，<n5 mm 为 3d	>n5 mm 为 8d，<n5 mm 为 6d	0°～0°30′
铜合金	3.0	2.5	>n5 mm 为 3d，<n5 mm 为 2d	>n5 mm 为 6d，<n5 mm 为 4d	1°30′～2°30′

可压铸出的长形方孔和槽的最小尺寸如表 2 - 19 所示。

表 2 - 19　压铸长形方孔和槽的最小尺寸

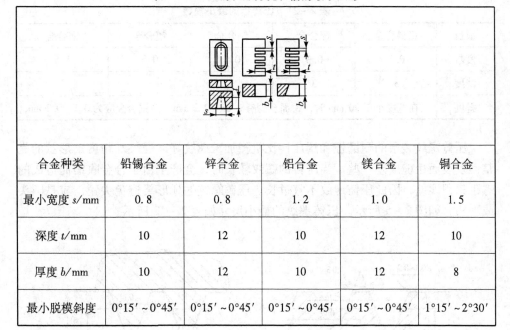

合金种类	铅锡合金	锌合金	铝合金	镁合金	铜合金
最小宽度 s/mm	0.8	0.8	1.2	1.0	1.5
深度 t/mm	10	12	10	12	10
厚度 b/mm	10	12	10	12	8
最小脱模斜度	0°15′～0°45′	0°15′～0°45′	0°15′～0°45′	0°15′～0°45′	1°15′～2°30′

4. 肋

要提高薄壁压铸件的强度和刚度，单纯依靠增加铸件壁厚是不妥的，优先采用的方法应该是设置加强肋。加强肋还可以防止或减少压铸件收缩变形、脱模时的变形和开裂，并可作为金属液充填时的辅助通道。

肋应当布置在铸件受力较大处，而且对称布置。肋的厚度要均匀，方向应该与料流方向一致。表 2 - 20 所示为肋的结构及参考尺寸。

表 2 - 20　肋的结构及参考尺寸

加强肋的结构	参 考 尺 寸
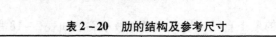	t—压铸件壁厚 h—加强肋高度 h_1—肋端距壁端高度 $\geqslant 0.8$ b—肋的根部宽度，$b = \left(\dfrac{2}{3} \sim \dfrac{3}{4} \right) t$ r_1—肋的顶部外圆半径，$r_1 = \dfrac{1}{8} b$ r_2—肋的根部内圆角半径，$r_2 = \dfrac{1}{4} b$ α—肋的斜度，$\alpha \geqslant 3°$

5. 压铸齿与螺纹

齿与螺纹都可以直接压铸出来。压铸齿的最小模数可按表 2 - 21 选取。

表 2 - 21　压铸齿的最小模数

项目	铅锡合金	锌合金	铝合金	镁合金	铜合金
模数	0.3	0.3	0.5	0.5	1.5
精度	3	3	3	3	3
斜度	在宽度小于 20 mm 时，每面至少有 0.05 ~ 0.2 mm，而铜合金应为 0.1 ~ 0.2 mm				

压铸螺纹表层的耐磨性和耐压性比机械加工螺纹好，但尺寸精度、形状的完整性及表面粗糙度差一些。当压铸的螺纹较长时，会产生由于合金收缩而造成的螺距累积误差，因此压铸螺纹不宜过长。压铸螺纹的牙形要避免尖锐，应是圆头或平头，如图 2 - 5 所示。压铸螺纹的最小尺寸如表 2 - 22 所示。

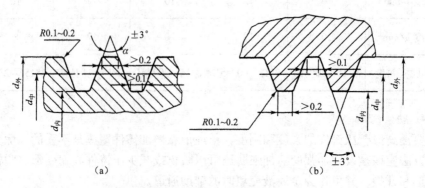

图 2 - 5　压铸平头牙形螺纹
(a) 外螺纹；(b) 内螺纹

表 2-22 压铸螺纹的最小尺寸   mm

合金	最小螺距 ρ	最小螺纹外径		最大螺纹长度（螺距的倍数）	
		外螺纹	内螺纹	外螺纹	内螺纹
锌合金	0.75	6	10	8P	5P
铝合金	1.0	10	20	6P	4P
镁合金	1.0	6	14	6P	4P
铜合金	1.5	1.2	—	6P	—
注：IT3 级精度以上的螺纹不宜压铸。					

6. 嵌件

压铸件内镶入金属或非金属制件，与压铸件形成牢固不可分开的整体，此镶入的制件称为嵌件。压铸件内镶入嵌件的目的是使压铸件的某一部位能够具有特殊的性能，如强度、硬度、耐蚀性、耐磨性、导磁性、导电性、绝缘性等，或代替部分装配工序，或者将复杂件转化为简单件。

设计有嵌件的压铸件应注意以下几点。

（1）嵌件与压铸件应牢固连接。为防止嵌件受力时在压铸件内移动、旋转或拔出，将嵌件镶入压铸件的部分的表面设计成适当的凹凸状，最常采用的有滚花、滚纹、切槽、铣扁等方法。

（2）嵌件放入模具内时与模具应有可靠的定位和合理的公差配合。

（3）嵌件周围的金属层厚度不能过薄，以提高铸件对嵌件的包紧力及防止金属层产生裂纹。金属层厚度可按嵌件直径选取，包住嵌件的金属层最小厚度如表 2-23 所示。

（4）嵌件镶入铸件的部分不应有尖角，以免压铸件在尖角处开裂。

（5）嵌件与压铸件基体之间不应产生电化学腐蚀，必要时嵌件外表面可加镀层。

（6）有嵌件的压铸件应避免热处理，以免两种材料的热膨胀系数不同而产生不同的体积变化，导致嵌件在压铸件内松动。

表 2-23 包住嵌件的金属层最小厚度   mm

压铸件外径	2.5	3	6	9	13	16	19	22	25
嵌件最大直径	0.5	1	3	5	8	11	13	16	18
包住嵌件的金属层最小厚度	1	1	1.5	2	2.5	2.5	3	3	3.5

7. 凸纹、凸台、文字与图案

压铸件上可以压铸出凸纹、凸台、文字和图案。它们最好是凸体，以便模具加工。文字大小一般不小于 GB 4457.3—1984 规定的 5 号字，文字凸出高度大于

0.3 mm, 一般取0.5 mm。线条最小宽度为凸出高度的1.5倍, 常取0.8 mm。线条最小间距大于0.3 mm, 脱模斜度为10°~15°。线端应避免尖角, 图案应尽量简单。

2.2.3　压铸件结构设计的工艺性

设计压铸件时, 除了结构、形状等方面有一定要求外, 还应使铸件适应压铸工艺性。

1. 简化模具结构、延长模具寿命

(1) 设计压铸件尽可能使分型面简单。图2-6 (a) 中, 压铸件在模具分型面处有圆角, 则压铸件上会出现动定模的交接印痕 (飞边), 图2-6 (b) 所示为改进后的结构。图2-7 (a) 中, 压铸件由于圆柱形凸台而使分型复杂 (点画线所示), 而且压铸件上会在动定模交接处出现飞边。将凸台延伸至分型面就可使分型面简单, 如图2-7 (b) 所示。

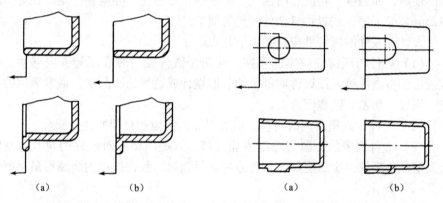

(a) (b)	(a) (b)
图2-6　避免产生分型痕迹	图2-7　改变压铸件结构使分型面简单

(2) 避免模具局部过薄, 保证模具有足够的强度和刚度。图2-8 (a) 中, 压铸件上的孔离凸缘边距离过小, 易使模具在 a 处断裂。改变压铸件结构如图2-8 (b) 所示, $a \geqslant 3$ mm, 使模具有足够强度。

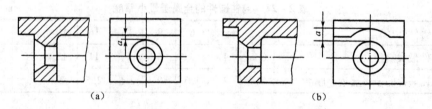

(a)　　　　　　　　　　　　　　　(b)

图2-8　改变压铸件结构增加镶块强度

(3) 避免或减少侧向抽芯。图2-9 (a) 中, 压铸件侧壁圆孔需设侧向抽芯机构。图2-9（b）改变了侧壁圆孔结构，可省去侧向抽芯。图2-10（a）中，压铸件上的孔需侧向抽芯。图2-10（b）增大壁的斜度，保证 $B \geqslant A + (0.1 \sim 0.2)$ mm，则孔可分别由动定模形成，不需另设抽芯机构。图2-11（a）中，压铸件的中心方孔较深，抽芯距离长，需设专用抽芯机构，且型芯为悬臂状伸入型腔，易变形，难以控制侧壁壁厚。将方孔改为图2-11（b）所示结构，则不需要抽芯。

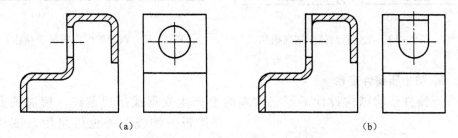

（a） （b）

图2-9 改变侧孔形状避免侧向抽芯

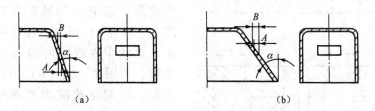

（a） （b）

图2-10 改变侧壁斜度避免侧向抽芯

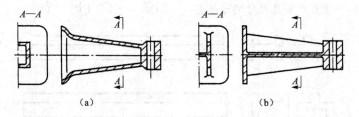

（a） （b）

图2-11 改变结构避免侧向抽芯

2. 有利于脱模与抽芯

图2-12（a）中，压铸件的内法兰和轴承孔中的内侧凹无法抽芯，改为图2-12（b）所示结构，则抽芯方便。

图2-13（a）中，K 处侧型芯无法抽出，改变凹坑方向如图2-13（b）所示，则抽芯方便。图2-14（a）中，压铸件的矩形孔 $B < A$，无法抽芯，图2-14（b）中，$B > A + (0.1 \sim 0.2)$ mm，型芯能方便抽出。孔亦可由动定模形成，不需抽芯。

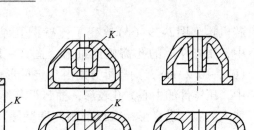

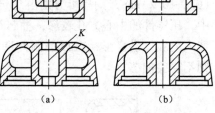

图2-12 改变侧凹便于侧向抽芯   图2-13 改变侧凹方向便于抽芯

3. 防止压铸件变形

压铸件形状结构设计不当，收缩时会产生变形或出现裂纹。解决的方

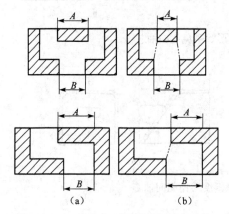

图2-14 改变矩形孔尺寸便于抽芯

法除设置加强肋外也可采用改变铸件结构的方法。图2-15（a）中，压铸件断面厚薄不匀，容易产生翘曲变形。改成均匀壁厚可避免，如图2-15（b）所示。图2-16（a）中，板状零件收缩时容易产生翘曲变形，如图2-16（b）所示改为有凹腔，可避免或减少翘曲变形。箱形薄壁件收缩变形如图2-17（a）所示，采用加肋的方法来避免变形，如图2-17（b）所示。

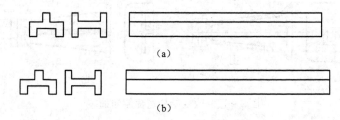

图2-15 改变断面形状避免翘曲变形

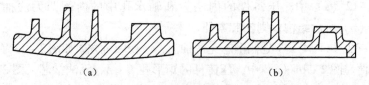

图2-16 改变板状零件结构防止翘曲变形

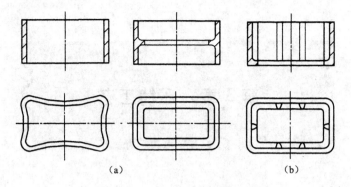

图 2-17　防止箱形薄壁件变形

第3章 压铸工艺

压铸工艺是把压铸合金、压铸模和压铸机这3个压铸生产要素有机组合和运用的过程。压铸时，影响金属液充填成形的因素很多，其中主要有压射压力、压射速度、充填时间和压铸模温度等。这些因素是相互影响和相互制约的，调整一个因素会引起相应的工艺因素变化，因此，正确选择与控制工艺参数至关重要。

⊗ 3.1 压   力 ⊗

压力是使压铸件获得致密组织和清晰轮廓的重要因素，压铸压力有压射力和压射比压两种形式。

3.1.1 压射力

压射力是指压射冲头作用于金属液上的力，来源于高压泵，压铸时，它推动金属液充填到模具型腔中。在压铸过程中，作用在金属液上的压力并不是一个常数，而是随着不同阶段而变化的。图3-1所示为压射各阶段压射力与压射冲头运动速度的变化。图中所示压射4个阶段分别是：

第一阶段（τ_1）　此时压射冲头低速前进，封住加料口，推动金属液前进，压室内压力平稳上升，空气慢慢排出。高压泵作用的压力 P_1 主要克服压室与压射冲头及液压缸与活塞之间的摩擦力，其值很小。

第二阶段（τ_2）　压射冲头以较快的速度前进，将金属液推至压室前端，充满压室并堆积在浇口前沿。由于内浇口在整个浇注系统中截面积最小，因此阻力最大，压力升高到 P_2 以突破内浇口阻力。此阶段后期，内浇口阻力使金属液堆积，瞬时压力升高，产生压力冲击而出现第一个压力峰。

第三阶段（τ_3）　压射冲头按要求的最大速度前进，金属液突破内浇口阻力充填型腔，并迅速充满，压力升至 P_3。在此阶段结束前，金属液会产生水锤作用，压力升高，产生第二个压力峰并出现波动。

第四阶段（τ_4） 压射冲头稍有前进，但这段距离实际上很小。铸件在这一阶段凝固，由于 P_4 的保压作用，铸件被进一步压实，消除或减少内部缩松，提高了压铸件密度。

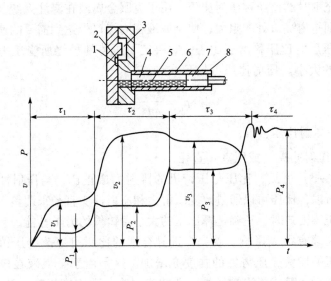

图 3-1 压射力与压射冲头运动速度的变化

1—横浇道；2—内浇口；3—型腔；4—压室；5—金属液；6—加料口；7—压射冲头；8—压射缸

上述过程称为四级压射。但目前压铸机大多是三级压射，一般将第一、二级压射阶段作为一级压射，第三、四阶段则分别作为第二、三级压射。其中，P_3、P_4 对铸件质量影响最大。P_3 越大，充填速度越大，金属液越容易及时充满型腔。P_4 越大，则越容易得到轮廓清晰、表面光洁和组织致密的压铸件。最终压力 P_4 与合金种类、压铸件质量要求有关，一般为 30~500 MPa。

压射力的大小由压射缸的截面积和工作液的压力所决定

$$F_y = p_g \times \frac{\pi D^2}{4} \tag{3-1}$$

式中 F_y——压射力，N；

  p_g——压射缸内的工作压力，Pa，当无增压机构或增压机构未工作时，即为管道中工作液的压力；

  D——压射缸直径，m。

增压机构工作时，压射力

$$F_y = P_{g2} \times \frac{\pi D^2}{4} \tag{3-2}$$

式中 P_{g2}——增压时压射缸内的工作压力，Pa。

3.1.2　比压及其选择

比压是压室内金属液单位面积上所受的力，即压铸机的压射力与压射冲头截面积之比。充填时的比压称压射比压，用于克服金属液在浇注系统及型腔中的流动阻力，特别是内浇口处的阻力，使金属液在内浇口处达到需要的速度。有增压机构时，增压后的比压称增压比压，它决定了压铸件最终所受压力和这时所形成的胀模力的大小。压射比压可按下式计算

$$p_{\mathrm{b}} = \frac{4F_{\mathrm{y}}}{\pi d^2} \tag{3-3}$$

式中　p_{b}——压射比压，Pa；

　　　d——压射冲头（或压室）直径，m。

由式（3-3）可见，比压与压铸机的压射力成正比，与压射冲头直径的平方成反比。所以，比压可以通过改变压射力和压射冲头直径来调整。

在制订压铸工艺时，正确选择比压的大小对铸件的力学性能、表面质量和模具的使用寿命都有很大影响。首先，选择合适的比压可以改善压铸件的力学性能。随着比压的增大，压铸件的强度亦增加。这是由于金属液在较高比压下凝固，其内部微小孔隙或气泡被压缩，孔隙率减小，致密度提高。随着比压增大，压铸件的塑性降低。比压增加有一定限度，过高时不但使延伸率减小，而且强度也会下降，使压铸件的力学性能恶化。此外，提高压射比压还可以提高金属液的充型能力，获得轮廓清晰的压铸件。

选择比压时，应根据压铸件的结构、合金特性、温度及浇注系统等确定，一般在保证压铸件成形和使用要求的前提下，选用较低的比压。选择比压时应考虑的因素如表3-1所示。各种压铸合金的计算压射比压如表3-2所示。在压铸过程中，压铸机性能、浇注系统尺寸等因素对比压都有一定影响。所以，实际选用的比压应等于计算比压乘以压力损失折算系数。压力损失折算系数 K 值如表3-3所示。

表3-1　选择比压所考虑的因素

序　号	因　素	选择的条件及分析
1	铸件结构特性	壁厚： 薄壁铸件，压射比压可以选高些 厚壁铸件，增压比压可以选高些 形状复杂程度： 形状复杂的铸件，压射比压可以选高些 工艺合理性： 工艺合理性好，压射比压可以选低些

续表

序 号	因 素	选择的条件及分析
2	压铸合金特性	结晶温度范围： 结晶温度范围大，增压比压可以选高些 流动性： 流动性好，压射比压可以选低些 比重： 比重大，压射比压、增压比压均选高些 比强度： 比强度大，增压比压可选高些
3	浇注系统	浇道阻力： 浇道阻力大（即浇道长，转向多，在相同截面下，内浇口厚度小），压射比压、增压比压均选高些 浇道散热速度： 散热速度快，压射比压可选高些
4	排溢系统	排气道布局： 排气道布局合理，压射比压、增压比压均可选低些 排气道截面积： 截面积足够大，压射比压、增压比压均可选低些
5	内浇口速度	内浇口速度大，压射比压可选高些
6	温度	填充型腔时，熔融金属温度与模具温度的温差大，压射比压可选高些

表 3 - 2　各种压铸合金的计算压射比压

合金	壁厚≤3 mm		壁厚＞3 mm	
	结构简单	结构复杂	结构简单	结构复杂
锌合金	30	40	50	60
铝合金	25	35	45	60
镁合金	30	40	50	60
铜合金	50	70	80	90

表 3 – 3   压力损失折算系数 *K* 值

项　目	*K* 值		
直浇道导入口截面积 A_1 与内浇口截面积 A_2 之比（A_1/A_2）	>1	=1	<1
立式冷压室压铸机	0.66 ~ 0.70	0.72 ~ 0.74	0.76 ~ 0.78
卧式冷压室压铸机	0.88		

3.1.3　胀模力

压铸过程中，在压射力作用下，金属液充填型腔时，给型腔壁和分型面的一定的压力称胀模力。压铸过程中，最后阶段的增压比压通过金属液传给压铸模，此时的胀模力最大。胀模力可用下式初步预算

$$F_z = p_b \times A \tag{3 – 4}$$

式中　F_z——胀模力，N；

p_b——压射比压，Pa，有增压机构的压铸机采用增压比压；

A——压铸件、浇口、排溢系统在分型面上的投影面积之和，m^2。

❈　3.2　速　　度　❈

压铸过程中，速度受压力的直接影响，又与压力共同对内部质量、表面轮廓清晰度等起着重要作用。速度有压射速度和内浇口速度两种形式。

3.2.1　压射速度

压射速度又称冲头速度，它是压室内的压射冲头推动金属液的移动速度，也就是压射冲头的速度。压射过程中，压射速度是变化的，它可分成低速和高速两个阶段，通过压铸机的速度调节阀可进行无级调速。

压射第一、第二阶段是低速压射，可防止金属液从加料口溅出，同时使压室内的空气有较充分的时间逸出，并使金属液堆积在内浇口前沿。低速压射的速度根据浇到压室内金属液的多少而定，可按表 3 – 4 选择。压射第三阶段是高速压射，以便金属液通过内浇口后迅速充满型腔，并出现压力峰，将压铸件压实，消除或减小缩孔、缩松。计算高速压射速度时，先由表 3 – 5 确定充填时间，然后按下式计算

$$u_{yh} = 4V[1 + (n-1) \times 0.1]/(\pi d^2 t) \tag{3 – 5}$$

式中　u_{yh}——高速压射速度，m/s；

V——型腔容积，m^3；

n——型腔数；

d——压射冲头直径，m；

t——填充时间，s。

表 3 – 4 低速压射速度的选择

压室充满度/%	压射速度/（cm·s^{-1}）
≤30	30 ~ 40
30 ~ 60	20 ~ 30
>60	10 ~ 20

表 3 – 5 推荐的压铸件平均壁厚与充填时间及内浇口速度的关系

压铸件平均壁厚/mm	充填时间/ms	内浇口速度/（m·s^{-1}）
1	10 ~ 14	46 ~ 55
1.5	14 ~ 20	44 ~ 53
2	18 ~ 26	42 ~ 50
2.5	22 ~ 32	40 ~ 48

按式（3 - 5）计算的高速压射速度是最小速度，一般压铸件可按计算数值提高 1.2 倍，有较大镶件的铸件或大模具压小铸件时可提高 1.5 ~ 2 倍。

3.2.2 内浇口速度

金属液通过内浇口处的线速度称内浇口速度，又称充型速度，它是压铸工艺的重要参数之一。选用内浇口速度时，参考如下。

（1）铸件形状复杂或薄壁时，内浇口速度应高些。

（2）合金浇入温度低时，内浇口速度可高些。

（3）合金和模具材料导热性能好时，内浇口速度应高些。

（4）内浇口厚度较厚时，内浇口速度应高些。

内浇口速度过高也会带来一系列问题，主要是容易包卷气体形成气孔。此外，也会加速模具的磨损。推荐的内浇口速度如表 3 – 5 所示。

3.2.3 内浇口速度与压射速度和压力的关系

内浇口速度不但与压射速度有关，而且还与压射力及压射比压有关。

1. 内浇口速度与压射速度的关系

在冷压室压铸机中，压室、浇注系统和压铸模构成一个封闭系统。根据连续性原理，内浇口速度与压射速度有固定关系，即

$$\pi d^2 v_y / 4 = A_n v_n \tag{3-6}$$

$$v_n = \frac{\pi d^2}{4A_2} u_y \tag{3-7}$$

式中 v_n——内浇口速度，m/s；

  v_y——压射速度，m/s；

  d——压射冲头（压室）直径，m；

  A_n——内浇口截面积，m^2。

由式（3-7）可知，内浇口速度与压射冲头直径的平方及压射速度成正比，而与内浇口截面积成反比。

2. 内浇口速度与压力的关系

根据流体力学及黏性流体因摩擦引起动能损失的原理，内浇口速度可按如下公式计算

$$v_n = \eta \sqrt{\frac{2p_b}{p}} \tag{3-8}$$

式中 v_n——内浇口速度，m/s；

  p_b——压射比压，Pa；

  h——阻力系数，一般取 0.3~0.6；

  ρ——合金的液态密度，kg/m^3，锌合金为 $6.40 \times 10^{-3} \ kg/m^3$，铝合金为 $2.40 \times 10^{-3} \ kg/m^3$，镁合金为 $1.65 \times 10^{-3} \ kg/m^3$，铜合金为 $7.50 \times 10^{-3} \ kg/m^3$。

由式（3-8）可知，压射比压大，内浇口速度高；金属液密度大，内浇口速度低。因此，可通过调整压射速度，改变压射冲头（压室）直径和压射比压来调整内浇口速度。

※ 3.3 温 度 ※

压铸过程中，温度规范对充填成形、凝固过程以及压铸模寿命和稳定生产等方面都有很大影响。压铸的温度规范主要是指合金的浇注温度和模具温度。

3.3.1 合金浇注温度

合金浇注温度是指金属液自压室进入型腔的平均温度。由于对压室内的金属液温度测量不方便，通常用保温炉内的金属液温度表示。由于金属液从保温炉取出到浇入压室一般要降温 15 ℃~20 ℃，所以金属液的熔化温度要高于浇注温度。但过热温度不宜过高，因为金属液中气体溶解度和氧化程度随温度升高而迅速增加。

浇注温度高能提高金属液流动性和压铸件表面质量。但浇注温度过高会使压

铸件结晶组织粗大，凝固收缩增大，产生缩孔缩松的倾向也增大，使压铸件力学性能下降。并且还会造成粘模严重，模具寿命降低等后果。因此，压铸过程中，金属液的流动性主要靠压力和压射速度来保证。图3-2和图3-3所示为浇注温度对压铸件力学性能的影响。

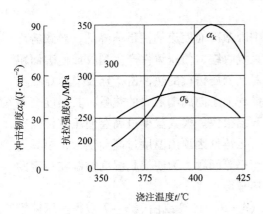

图3-2　浇注温度对YX040.5锌合金
　　　　力学性能的影响

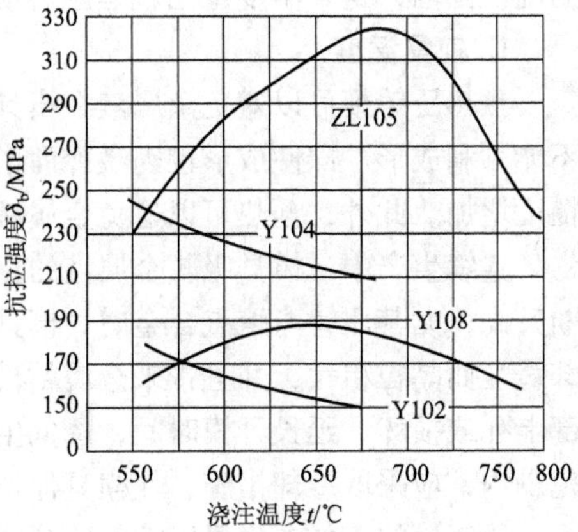

图3-3　浇注温度对几种铝合金
　　　　抗拉强度的影响

选择浇注温度时，还应综合考虑压射压力、压射速度和模具温度。通常在保证成形和所要求的表面质量的前提下，采用尽可能低的浇注温度。甚至可以在合金呈黏稠"粥"状时进行压铸。一般浇注温度高于合金液相线温度20 ℃~30 ℃。但对硅含量高的铝合金不宜采用"粥"状压铸，因为硅将大量析出以游离状态存在于压铸件内，使加工性能恶化。各种压铸合金的浇注温度如表3-6所示。

表3-6　各种压铸合金的浇注温度　　　　　　　　　　℃

合　　金		铸件壁厚≤3 mm		铸件壁厚>3~6 mm	
		结构简单	结构复杂	结构简单	结构复杂
锌合金	含铝的	420~440	430~450	410~430	420~440
	含铜的	520~540	530~550	510~530	520~540
铝合金	含硅的	610~630	640~680	590~630	610~630
	含铜的	620~650	640~700	600~640	620~650
	含镁的	640~660	660~700	620~660	640~670
黄铜	普通黄铜	850~900	870~920	820~860	850~900
	硅黄铜	870~910	880~920	850~900	870~910
镁合金		640~680	660~700	620~660	640~680

3.3.2　模具温度和模具热平衡

在压铸生产过程中，模具温度过高、过低都会影响铸件质量和模具寿命。因此，压铸模在压铸生产前应预热到一定温度，在生产过程中要始终保持在一定的温度范围内，这一温度范围就是压铸模的工作温度。

1. 模具温度

预热压铸模可以避免金属液在模具中因激冷而使流动性迅速降低，导致铸件不能顺利成形。即使成形也因激冷而增大线收缩，使压铸件产生裂纹或使表面粗糙度增加。此外，预热可以避免金属液对低温压铸模的热冲击，延长模具寿命。

连续生产中，模具吸收金属液的热量若大于向周围散失的热量，其温度会不断升高，尤其压铸高熔点合金时，模具升温很快。模具温度过高会使压铸件因冷却缓慢而晶粒粗大，并且带来金属粘模，压铸件因顶出温度过高而变形，模具局部卡死或损坏，延长开模时间，降低生产率等问题。为使模具温度控制在一定的范围内，应采取冷却措施，使模具保持热平衡。

压铸模的工作温度可以按经验公式（3-9）计算或由表3-7查得。压铸模温度对压铸件力学性能的影响如图3-4和图3-5所示。

$$T_m = \frac{1}{3}T_j \pm 25 \tag{3-9}$$

式中　T_m——压铸模工作温度，℃；

　　　T_j——金属液浇注温度，℃。

表3-7　压铸模温度　　　　　　　　　　　　　　　℃

合金种类	温度种类	铸件壁厚≤3 mm		铸件壁厚>3 mm	
		结构简单	结构复杂	结构简单	结构复杂
锌合金	预热温度连续工作保持温度	130~180 180~200	150~200 190~220	110~140 140~170	120~150 150~200
铝合金	预热温度连续工作保持温度	150~180 180~240	200~230 250~280	120~150 150~180	150~180 180~200
铝镁合金	预热温度连续工作保持温度	170~190 200~220	220~240 260~280	150~170 180~200	170~190 200~240
镁合金	预热温度连续工作保持温度	150~180 180~240	200~230 250~280	120~150 150~180	150~180 180~220
铜合金	预热温度连续工作保持温度	200~230 300~330	230~250 330~350	170~200 250~300	200~230 300~350

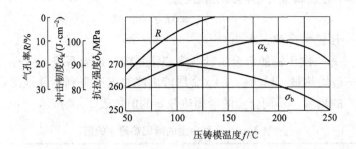

图 3 - 4　4%Al 的锌合金压铸件力学性能及气孔率与压铸模温度的关系

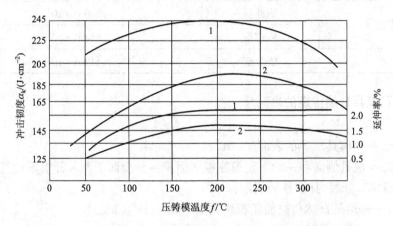

图 3 - 5　铝合金和镁合金压铸件力学性能与压铸模温度的关系
1—ZL105；2—YM5

2. 模具热平衡

在每一压铸循环中，模具从金属液得到热量，同时通过热传递向外界散发热量。如果单位时间内吸热与散热达到平衡，就称为模具的热平衡。其关系式为

$$Q = Q_1 + Q_2 + Q_3 \tag{3-10}$$

式中　Q——金属液传给模具的热流量，kJ/h；

　　　Q_1——模具自然传走的热流量，kJ/h；

　　　Q_2——特定部位传走的热流量，kJ/h；

　　　Q_3——冷却系统传走的热流量，kJ/h。

对中小型模具，通常吸收的热量大于传走的热量，为达到热平衡一般应设置冷却系统。对于大型模具，因模具体积大，热容量和表面积大，散热快，而且大的铸件压铸周期长，模具升温慢，因此可以不设冷却系统。

冷却系统可根据下面的公式计算。

（1）每小时金属液传给模具的热流量

$$Q = Nmq \qquad (3-11)$$

式中　N——压铸生产率，次/h；

　　　m——每一次压铸的合金质量（含浇注系统、排溢系统），kg；

　　　q——凝固热量，kJ/kg，1 kg 金属液由浇注温度降到铸件推出温度所释放的热量，不同合金的凝固热量 q 的值如表 3-8 所示。

表 3-8　几种合金的凝固热量 q 的值

合金种类		q 值/（kJ·kg^{-1}）
	锌合金	1.7580×10^5
铝合金	铝硅系	8.8760×10^5
	铝镁系	7.9549×10^5
	镁合金	7.1176×10^5

（2）模具自然传走的热流量

$$Q_1 = A_m f_1 \qquad (3-12)$$

式中　A_m——模具散热的表面积，m^2；

　　　A_m = 模具侧面积 + 动、定模座板底面积 + 分型面面积 × 开模率，其中，开模率 = 开模时间/压铸周期；

　　　f_1——模具自然传热的面积热流量，kJ/（m^2·h）。

几种合金的 f_1 值如下。锌合金：4 186.8 kJ/（m^2·h）；

铝合金、镁合金：6 280.2 kJ/（m^2·h）；

铜合金：8 373.6 kJ/（m^2·h）。

（3）每小时特定部位传走的热量。

特定部位是指模具和压铸机上常设冷却通道的部位，如分流锥、浇口套、喷嘴、压室、压射冲头及压铸机定模安装板等。

分流锥（热压室压铸机）、浇口套、喷嘴、压室传走的热量

$$Q_2' = \sum A_t f_2 \qquad (3-13)$$

式中　A_t——特定部位冷却通道的表面积，m^2；

　　　f_2——特定部位冷却通道壁传热的面积热流量，kJ/（m^2·h）；

分流锥取 $f_2 = 251.2 \times 10^4$ kJ/（m^2·h）；

浇口套、喷嘴、压室取 $f_2 = 209.3 \times 10^4$ kJ/（m^2·h）。

压射冲头及压铸机定模安装板冷却通道壁传走的热量 Q_2'' 可在压铸过程中对每台压铸机进行测定。

故每小时特定部位传走热量

$$Q_2 = Q_2' + Q_2'' \tag{3-14}$$

（4）冷却系统每小时传走的热量

$$Q_3 = Q - Q_1 - Q_2 \tag{3-15}$$

（5）冷却通道计算。

根据式（3-15）求得 Q_3 即可进行冷却通道计算。冷却通道传走的热量与通道的表面积及面积热流量有关，即

$$Q_3 = \sum A_1 f_3 \tag{3-16}$$

式中　A_1——每个冷却通道的表面积，m^2；

　　　f_3——冷却通道壁的面积热流量，$kJ/(m^2 \cdot h)$。

面积热流量 f_3 与冷却通道离型腔壁的距离 S、单根通道工作段长度 l、通道总长度 L（从通道入口到出口的长度）及通道直径有关。f_3 值可由表 3-9 确定。

冷却通道的总表面积与模具结构、型腔布置、通道直径和数量有关，即

$$\sum A_L = Q_3/f_3 = n\pi dl \text{ 或 } n = \frac{\sum A_L}{\pi dl} \tag{3-17}$$

式中　n——冷却通道数；

　　　d——冷却通道直径，m；

　　　l——有效工作长度，即通道工作段在型腔的投影长度，m。

表 3-9　冷却通道壁的面积热流量

s 与 d 关系	$\phi/[kJ \cdot (m^2 \cdot h)^{-1}]$	
	$l < L/2$	$l < L/2$
$s < 2d$	125.6×10^4	146.5×10^4
$2d < s < 3d$	104.7×10^4	125.6×10^4
$s < 3d$	83.7×10^4	104.7×10^4
注：冷却通道为内外管道时，$\phi = 167 \times 10^4 kJ \cdot (m^2 \cdot h)^{-1}$。		

冷却通道直径 d 可视压铸件的形状、大小、传热量的多少选取，一般取 $6 \sim 12\ mm$。直径过大的冷却通道易使模具激冷而产生龟裂。冷却通道与型腔壁间距 S 一般取通道直径的 $1.5 \sim 2$ 倍，即 $20 \sim 25\ mm$，S 过大传热效果差，过小易产生穿透性裂纹。当压铸件壁厚较大时，S 可取小些。S 减小一半，传走的热量增加 50%。冷却介质多用水、油或低压压缩空气。由于水冷却效率高且比较经济，故压铸模一般采用水冷。

当动、定模分别设置冷却通道时，通常被金属液包围的半模上分配 Q_3 的份额多一些。

例：已知铝合金（ZL102）箱形压铸件，平均壁厚为 $4\ mm$，质量为 $2.8\ kg$，每次压铸浇入的铝合金的实际质量为 $3.6\ kg$，预定压铸生产率 N 为 45 次/h，压

铸模的总表面积 $A = 2.4 \text{ m}^2$，设计此压铸模的冷却通道。

（1）熔融金属每小时传给模具的热量

$$Q = Nmq = 45 \times 3.6 \times 887.6 = 143\ 791 \quad (\text{kJ/h})$$

（2）模具表面每小时传走的热量

$$Q_1 = A_m f_1 = 2.4 \times 6\ 280.2 = 15\ 072.5 \quad (\text{kJ/h})$$

（3）特定部位每小时传走的热量。

设动模正对压室部位的冷却通道直径为 1.2 cm，长度为 22 cm，表面积为 83 cm^2；浇口套冷却环内径为 10 cm，长度为 5 cm，表面积为 157 cm^2；压射冲头冷却通道传走的热量测定为 8 374 kJ/h；压铸机定模安装板冷却通道传走的热量测定为 12 560 kJ/h。则

$$Q_2 = \sum A_1 f_2 = 0.008\ 3 \times 251.2 \times 10^4 + 0.015\ 7 \times$$
$$209.3 \times 10^4 + 8\ 374 + 12\ 560 = 74\ 644 \quad (\text{kJ/h})$$

（4）设计动、定模上的冷却通道。

冷却通道应传走的热量

$$Q_3 = Q - Q_1 - Q_2 = 54\ 075 \quad (\text{kJ/h})$$

① 动模上的冷却通道采用内外管道式，根据模具结构可布置 6 个通道，单通道的有效长度为 0.1 m，则

$$nA_1 = 2Q_3/3f_3 \approx 0.021\ 6 \quad (\text{m}^2)$$
$$d = nA_1/(n\pi l) \approx 0.011\ 5 (\text{m}) \approx 12 (\text{mm})$$

设壁间距 $s > 2d$，取 25 mm。

② 定模上的冷却通道：设 $l/L < 2$，$s/d > 3$，取 s 为 20 mm，通道直径为 6 mn，单通道有效长度为 320 mm。则 $nA_1 = Q_3/3f_3 = 0.021\ 5$ （m^2）。

通道总有效长度 $l_0 = nA_1/(\pi d) = 1.14$ （m），

通道个数 $n = l_0/l = 1.14/0.32 = 3.56$ （个），可设置 4 个冷却通道。

❈ 3.4 时　　间 ❈

压铸工艺中的时间是指充填时间、增压建压时间、持压时间和留模时间。

3.4.1 充填时间和增压建压时间

金属液从开始进入模具型腔到充满型腔所需要的时间称为充填时间。充填时间长短取决于压铸件的大小、复杂程度、内浇口截面积和内浇口速度等。体积大形状简单的压铸件，充填时间要长些；体积小形状复杂的压铸件，充填时间短些。当压铸件体积确定后，充填时间与内浇口速度和内浇口截面积之乘积成反比，即选用较大内浇口速度时，也可能因内浇口截面积很小而仍需较长的充填时间。反之，当内浇口截面积较大时，即使用较小的内浇口速度，也可能缩短充

填时间。因此，不能孤立地认为内浇口速度越大，其所需的充填时间越短。

在考虑内浇口截面积对充填时间的影响时，还要与内浇口的厚度联系起来。如内浇口截面积虽大，但很薄，由于压铸金属呈黏稠的"粥"状，黏度较大，通过薄的内浇口时受到很大阻力，则将使充填时间延长。而且会使动能过多地损失，转变成热能，导致内浇口处局部过热，可能造成粘模。

压铸时，不论合金种类和铸件的复杂程度如何，一般充填时间都是很短的，中小型压铸件仅为 0.03～0.20 s，或更短。但充填时间对压铸件质量的影响是很明显的，充填时间长，慢速充填，金属液内卷入的气体少，但铸件表面粗糙度高；充填时间短，快速充填，则情况相反。充填时间与压铸件平均壁厚及内浇口速度的关系如表 3-5 所示。充填时间对压铸件质量的影响如图 3-6 所示。

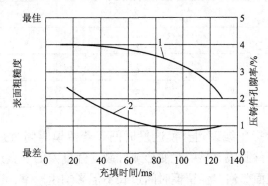

图 3-6　充填时间对典型铝压铸件表面粗糙度和气孔率的影响
1—表面粗糙度；2—孔隙率

增压建压时间是指从金属液充满型腔瞬间开始至达到预定增压压力所需时间，也就是增压阶段比压由压射比压上升到增压比压所需的时间。从压铸工艺角度来说，这一时间越短越好。但压铸机压射系统的增压装置所能提供的增压建压时间是有限度的，性能较好的机器最短建压时间也不少于 0.01 s。

增压建压时间取决于型腔中金属液的凝固时间。凝固时间长的合金，增压建压时间可长些，但必须在浇口凝固之前达到增压比压，因为合金一旦凝固，压力将无法传递，即使增压也起不了压实作用。因此，压铸机增压装置上，增压建压时间的可调性十分重要。

3.4.2　持压时间和留模时间

从金属液充满型腔到内浇口完全凝固，冲头压力作用在金属液上所持续的时间称持压时间。增压压力建立起来后，要保持一定时间，使压射冲头有足够时间将压力传递给未凝固金属，使之在压力下结晶，以便获得组织致密的压铸件。

持压时间内的压力是通过比铸件凝固得更慢的余料、浇道、内浇口等处的金属液传递给铸件的，所以持压效果与余料、浇道的厚度及浇口厚度与铸件厚度的比值有关。如持压时间不足，虽然内浇口处金属尚未完全凝固，但由于冲头已不再对余料施加压力，铸件最后凝固的厚壁处因得不到补缩而会产生缩孔、缩松缺陷，内浇口与铸件连接处会出现孔穴。但若持压时间过长，铸件已经凝固，冲头还在施压，这时的压力对铸件的质量不再起作用。持压时间的长短与合金及铸件壁厚等因素有关。熔点高、结晶温度范围大或厚壁的铸件，持压时间需长些；反之，则可短些。通常，金属液充满至完全凝固的时间很短，压射冲头持压时间只需1~2 s。生产中常用持压时间如表3-10所示。

表3-10　常用持压时间　　　　　　　　　　　　　　　　　s

压铸合金	铸件壁厚 < 2.5 mm	铸件壁厚 > 2.5 ~ 6 mm
锌合金	1 ~ 2	3 ~ 7
铝合金	1 ~ 2	3 ~ 8
镁合金	1 ~ 2	3 ~ 8
铜合金	2 ~ 3	5 ~ 10

留模时间是指持压结束到开模这段时间。若留模时间过短，由于铸件温度高，强度尚低，铸件脱膜时易引起变形或开裂，强度差的合金还可能由于内部气体膨胀而使铸件表面彭泡。但留模时间过长不但影响生产率，还会因铸件温度过低使收缩大，导致抽芯及推出铸件的阻力增大，使脱模困难，热脆性合金还会引起铸件开裂。

若合金收缩率大，强度高，铸件壁薄，模具热容量大，散热快，铸件留模时间可短些；反之，则需长些。原则上以推出铸件不变形、不开裂的最短时间为宜。各种合金常用的留模时间可参考表3-11。

表3-11　常用留模时间　　　　　　　　　　　　　　　　　s

压铸合金	壁厚 < 3 mm	壁厚 > 3 ~ 4 mm	壁厚 > 5 mm
锌合金	5 ~ 10	7 ~ 12	20 ~ 25
铝合金	7 ~ 12	10 ~ 15	25 ~ 30
镁合金	7 ~ 12	10 ~ 15	15 ~ 25
铜合金	8 ~ 15	15 ~ 20	20 ~ 30

※　3.5　压室充满度　※

浇入压室的金属液量占压室容量的百分数称压室充满度。若充满度过小，压室上部空间过大，则金属液包卷气体严重，使铸件气孔增加，还会使金属液在压室内被激冷，对充填不利。压室充满度一般以 70% ~ 80% 为宜，每一压铸循环，浇入的金属液量必须准确或变化很小。

压室充满度计算公式为

$$\phi = \frac{m_j}{m_{ym}} \times 100\% = \frac{4m_j}{\pi d^2 l \rho} \times 100\% \qquad (3-18)$$

式中　ϕ——压室充满度，%；

m_j——浇入压室的金属液质量，g；

m_{ym}——压室内完全充满时的金属液质量，g；

d——压室内径，cm；

l——压室有效长度（包括浇口套长度），cm；

ρ——金属液密度，g/cm^3。

※　3.6　压铸涂料　※

压铸过程中，为了避免铸件与压铸模焊合，减少铸件顶出的摩擦阻力和避免压铸模过分受热而采用涂料。压铸涂料指的是在压铸过程中，使压铸模易磨损部分在高温下具有润滑性能，并减小活动件阻力和防止粘模所用的润滑材料和稀释剂的混合物。压铸过程中，在压铸机的压室、冲头的配合面及其端面、模具的成形表面、浇道表面、活动配合部位（如抽芯机构、顶出机构、导柱、导套等）都必须根据操作、工艺上的要求喷涂涂料。

1. 涂料的作用

压铸涂料应具有以下作用。

（1）避免金属液直接冲刷型腔和型芯表面，改善压铸模工作条件。

（2）减小压铸模的热导率，保持金属液的流动性，以改善金属的成形性。

（3）高温时保持良好的润滑性能，减小铸件与压铸模成形部分（尤其是型芯）之间的摩擦，从而减轻型腔的磨损程度，延长压铸模寿命和提高铸件表面质量。

（4）预防粘模（对铝合金而言）。

2. 对涂料的要求

对压铸涂料的要求如下。

（1）在高温时，具有良好的润滑性，不会析出有害气体。

（2）挥发点低，在 100 ℃ ~ 150 ℃时，稀释剂能很快挥发，在空气中稀释剂挥发小，存放期长。

（3）涂敷性好，对压铸模及压铸件没有腐蚀作用，不会在压铸模型腔表面产生积垢。

（4）配方工艺简单，来源丰富，价格低廉。

3. 常用涂料及使用

压铸涂料的种类繁多，其中较理想的成分、配方、配制方法和适用范围如表3-12所示。

表3-12　压铸用涂料及配制方法

序号	原材料名称	质量分数/%	配制方法	适用范围
1	胶体石墨（油剂）		成品	冲头，压室
2	胶体石墨（水剂）		成品	铝合金铸件
3	天然蜂蜡		块状或保持在温度不高于85℃的熔融状态	锌合金铸件
4	氟化钠水	3~5 97~95	将水加热至70℃~80℃再加氟化钠，搅拌均匀	铝合金铸件，对防止铝合金粘模有特效
5	石墨 机油	5~10 95~90	将石墨研磨过筛（200#），加入40℃左右的机油中搅拌均匀	铝合金、铜合金铸件、压室、冲头及滑动摩擦部分
6	锭子油	30# 50#	成品	锌合金作润滑
7	聚乙烯煤油	3~5 97~95	将聚乙烯小块泡在煤油中，加热至80℃左右，熔化而成	铝合金，镁合金铸件
8	氧化锌水玻璃水	5 1~2 93~94	将水和水玻璃一起搅拌，然后倒入氧化锌搅匀	大中型铝合金、锌合金铸件
9	硅橡胶 汽油铝粉	3~5 余量 1~3	硅橡胶溶于汽油中，使用时加入质量分数为1%~3%的铝粉	铝合金铸件、型芯
10	黄血盐		成品	铜合金的清洗剂
11	二硫化钼机油	5 95	将二硫化钼加入机油中搅拌均匀	镁合金铸件
12	蜂蜡 二硫化钼	70 30	将蜂蜡熔化并放入二硫化钼搅拌均匀，凝成笔状	铜合金铸件

序号	原材料名称	质量分数 /%	配制方法	适用范围
13	无水肥皂 滑石粉 水	0.65 ~ 0.70 0.18 余量	将无水肥皂溶于水，加入粒度为 1 ~ 3 μm 的滑石粉，搅拌均匀	铝合金铸件
14	叶蜡石 二硫化钼（或石墨） 硅酸乙酯 高锰酸钾 酒精 水	10 5 5 0.1 5 余量	将叶蜡石经 800 ℃ 焙烧 2 h 后，过 200# 筛，用酒精稀释二硫化钼，然后将上述材料加入到水中搅拌均匀	黑色金属铸件

涂料使用时应注意用量。喷涂时应注意均匀程度，避免涂层太厚，涂时可用毛刷或喷枪等工具。用毛刷时，在涂刷后应用压缩空气吹匀或用干净的纱布擦匀。喷枪喷涂时应均匀，避免涂料沉积。涂上涂料后，应等涂料中的稀释剂挥发后，再合模浇注。否则，型腔内气体量增多，会增加气孔产生的可能性，甚至形成高的反压力而使充型困难。此外，还应注意模具的排气槽不能被涂料堵塞，以免排气不畅。对于型腔转折、凹角部位，应避免涂料的沉积，以确保铸件轮廓清晰。

在生产中，应对所操作的压铸机和使用的模具摸索其规律，根据铸件的质量要求，采取正确的喷涂方法和喷涂次数。

⊠ 3.7 压铸合金的熔炼与压铸件的后处理 ⊠

3.7.1 压铸合金的熔炼

压铸合金的熔炼是压铸过程的重要环节。金属从固态变为熔融状态是一个复杂的物理、化学反应以及热交换过程。随着熔炼过程中合金产生金属和非金属的夹杂物、吸收气体以及合金中的组分与杂质含量有所变化，因而在不同程度上影响到合金的物理、化学、工艺和力学性能。

压铸用的非铁合金大都具有熔点低、容易过热，在熔融状态下容易吸气和氧化等特点，因此熔炼工艺比较复杂。在压铸过程中，由于合金熔料中回炉料占一定的比例，合金在熔融状态下持续时间长，掏勺频繁等容易引起合金质量不良的因素。所以，制定严格的、正确合理的熔炼工艺规程并按规程进行熔炼，是获得质量优良的压铸合金的重要保证。

压铸合金熔炼的一般过程如图 3 - 7 所示。

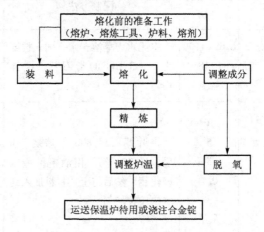

图 3 - 7   压铸合金熔炼过程

压铸合金的熔炼工艺特点如表 3 - 13 ~ 表 3 - 16 所示。

表 3 - 13   压铸铝合金的熔炼工艺特点

主要工序	工 艺 特 点
装料	装料顺序因炉料不同而变化，若使用中间合金熔炼，首先装入金属锭，然后装入中间合金；若用预制合金锭与回炉料，则首先装入此类炉料，然后再加人为调整化学成分所需加入的金属锭或中间合金；对于一些易损耗、熔点低的炉料（如 Mg、Zn、Sn），应该在熔化末期，当其他炉料熔化完后，于 690 ℃ ~700 ℃ 时加入，在炉容量足够的情况下，可同时加入回炉料、合金锭及中间合金，待其全部熔化后，于 690 ℃ ~700 ℃ 时加入 Mg 和 Zn 等
熔化	炉料装入后，即开始了各种炉料的熔化过程，应尽量缩短熔炼时间，严格控制温度，以防止合金液过热。因为熔炼时间愈长，合金液过热度愈高，合金吸气和氧化愈严重。特别是采用固体、液体和气体燃料的坩埚炉，更应注意
精炼	精炼的目的是除去合金液中的气体和氧化夹杂物，目前广泛使用的各种无公害的精炼剂有氯盐、氟化物、六氯化烷等。为检查合金液除气精炼的程度，在浇注前要进行含气量检验。将精炼后的合金液用小勺浇注在试样模中，随即用预热的薄铁片刮熔液表面，观察其表面是否有气泡冒出。如符合技术标准，则可正常使用。当表面冒泡严重时，应重新精炼。压铸铝合金要在熔剂保护下进行熔炼和保温，以防合金液吸气和产生氧化夹杂物

表3－14 压铸锌合金的熔炼工艺特点

主要工序	工 艺 特 点
对炉料的控制	由于锌合金对 Fe、Sn、Pd 和 Cd 等有害杂质的作用极为敏感，所以对这些杂质应严格控制，防止混入。对回炉料的成分及有害杂质应经过化学分析，确定其含量后才能投入使用，混杂在回炉料中的铁及其他杂质要除掉。因此，锌合金的熔炼要单独进行，且选用高纯度的新材料，严格控制熔炼过程，以防止锌合金的"老化"
对温度的控制	锌合金的熔炼温度一般为 440 ℃～480 ℃，并且还要加盖覆盖剂（木炭）。温度过高或过低对铸件的组织和力学性能均有影响。温度过高将使铝、镁元素烧损；金属氧化速度加快，烧损量增加，锌渣增加；铸铁坩埚中铁元素融入合金更多，高温下锌与铁反应加快，形成铁铝金属间化合物，使锤头、鹅颈壶过度磨损；燃烧消耗相应增加。温度过低将使合金流动性差，不利于成形，影响压铸件表面质量
熔炼过程	熔炼时，先加入熔点较高的铝锭和铝铜中间合金，再加入回炉料和锌，并撒上一层 20 mm 厚的覆盖剂，当炉料熔化后，用钟罩压入镁锭，去除覆盖层，用占料重 0.25%～0.3% 的精炼剂脱水氯化锌精炼，除渣后运保温炉中待用

表3－15 压铸镁合金的熔炼工艺特点

主要工序	工 艺 特 点
洗涤剂准备	在熔炉旁边另设一坩埚炉，将熔剂熔化并加热至 760 ℃～800 ℃，以便熔炼工具在使用之前，在其中洗涤干净，经过洗涤的工具在加热到暗红色后才能使用。坩埚内的熔剂在每一工作班中应清理 1～2 次，以除去其中的脏物，并应根据坩埚的消耗量和洗涤能力的强弱，往洗涤坩埚中适当添加新的熔剂。洗涤熔剂还应定期更换
加料和熔化	将坩埚加热至 400 ℃～450 ℃，撒上占炉重 0.1%～5% 的熔剂，加入预热的镁锭、中间合金和回炉料，待全部炉料熔化后，在温度为 690 ℃～720 ℃ 时加入锌锭。每次加料后应在金属液面暴露部分处添加新的熔剂
精炼	将金属升温到 700 ℃～730 ℃，用搅拌勺激烈地由上而下搅拌合金液 5～8 min，直到金属液面呈现镜面光泽为止。在搅拌过程中，应向金属液面均匀不断地撒上熔剂，其消耗量为炉料质量的 0.8%～1%。除去金属液表面的熔渣或熔剂，并撒上一层新熔剂，然后升温至 780 ℃，在此温度下使金属液静置不少于 15 min，然后转至保温炉待用。镁合金在整个熔炼和保温过程中，如发现金属液面上有燃烧现象，应立即撒上新熔剂，并停留 2～3 min 后再进行压铸，以免将熔剂夹杂带入铸件中，影响铸件质量

表3-16　压铸铜合金的熔炼工艺特点

主要工序	工 艺 特 点
熔化和脱氧	压铸铜合金主要是黄铜，熔炼温度一般为1 100 ℃~1 150 ℃。黄铜含有较多的锌，在熔炼温度下，锌对铜液有脱氧作用，故铅黄铜一般不需加入脱氧剂进行脱氧；但硅黄铜仍需加入脱氧剂进行脱氧 　　硅黄铜熔炼的加料顺序是先加入铜硅中间合金，然后才加入铜和锌。熔炼过程中，硅黄铜表面上有一层致密的氧化膜，可显著减少锌的蒸发，因此不一定要采用覆盖剂，而熔炼铅黄铜仍需要加入覆盖剂
含气量检验	熔炼后将金属液浇入样模内，待冷却后，观察其表面情况，若试样中间凹下去，表示合金液含气量小；若中间凸起或者不收缩，则表示合金液气体含量较多，此时可加入除气剂除气。黄铜也可加热除气，加热至锌的沸点，锌蒸发沸腾时带出气体。在铜合金中只允许除气2~3次，如还有气体存在，则该炉合金不能用于压铸

3.7.2　压铸件的清理

　　压铸件的清理是很繁重的工作，其工作量往往是压铸工作量的10~15倍。因此，随着压铸机生产率的提高，压铸件产量的增加，压铸件的清理工作实现机械化和自动化是非常重要的。压铸件的清理包括去除浇口（浇注系统）、排溢系统的金属物、飞边及毛刺，有时还要修整经过上述去除工作后所残留的金属或痕迹。

　　切除浇口和飞边所用的设备主要是冲床、液压机和摩擦压力机。在大量生产的条件下，可根据铸件结构和形状设计专用模具，在冲床上一次完成清理任务。对于小孔、螺纹上的飞边毛刺，可装在专用卡具上，采用半自动或自动的多工位转盘机，在各个工位上完成飞边、毛刺的清理和浇注系统的切除工作。

　　表面清理多采用普通多角滚筒和振动埋入式清理装置。对批量不大的简单小件可用多角清理滚筒，对表面要求高的装饰品可用布制或皮革的抛光轮抛光，对大量生产的铸件可采用螺壳式振动清理机。清理后的铸件按照使用要求还可进行表面处理和浸渗，以增加光泽，防止腐蚀，提高气密性。

　　对于修整清理后的残留金属或痕迹可用橡胶砂轮或砂带打磨，打磨时可用水与油的混合液润滑，简单小铸件还可以用滚筒清理。

3.7.3　压铸件的浸渗、整形和修补

　　（1）压铸件的浸渗。由于压铸件在压铸中存在着氧化夹杂或缩松等缺陷，从而降低了铸件的致密性。对于有气密性要求的压铸件可通过浸渗处理填堵这些

微隙。

浸渗处理是将压铸件浸在装有渗透、填补作用的浸渗液中，使浸渗液透入压铸件内部的疏松处，从而提高了压铸件的气密性能。

（2）压铸件的整形。按正常程序进行生产的压铸件，一般是不会变形的。只有形状复杂和薄壁的铸件，可能由于顶出时受力不均衡或持压时间掌握得不恰当以及搬运过程中铸件被碰撞而引起变形；或者是由于铸件本身结构的限制，在压铸过程中因留有残余应力而引起变形（例如平面较大的铸件，压铸后发生翘曲）。

在一般情况下，压铸件变形后，允许用手工或机械方式进行校正，这个校正的工序称为整形。校正分为热校正和冷校正两种。

热校正是把铸件加热到退火温度，用专用工具（校正模具或夹具）在手压床或液压床上校正；也可用专用工具夹持进行退火；还可以在热态时用木制的或者橡胶制成的榔头进行手工校正。

冷校正是把变形的铸件在室温下进行与上述方法相同的手工或机械的校正，其效果比热校正差些，但操作方便。

（3）压铸件的修补。压铸或加工后的铸件，发现有不符合技术要求的缺陷时，一般都予以报废，只有在下列情况下，并且有修补的可能时，才进行修补。

① 形状很复杂，压铸很困难或加工周期很长的铸件。

② 带有铸入镶件，这种镶件是由贵重材料制成的，或者是制造很困难而在回收后无法复用的。

修补的方法有焊补法和嵌补法两种。

焊补法利用与铸件材料相同或熔点略低而性质相似的材料做成的焊条进行钎焊，焊补后由钳工修整至铸件所要求的形状和尺寸。

嵌补法将铸件缺陷部位加工成销钉孔嵌以与铸件材料相同的销钉，然后用机械加工或由钳工修整至铸件所要求的形状和尺寸。

3.7.4 压铸件的热处理和表面处理

（1）压铸件的热处理。一般压铸件不宜进行淬火处理。这是因为一方面，压铸件具有较好的力学性能和致密的内部组织，在使用上基本能够满足一般的要求；另一方面，淬火处理会导致压铸件表层顶起而形成鼓泡。只有当采取了一些排除气体的工艺措施，使压铸件的内部气孔大为减少以后，才能进行淬火处理。

通常为了稳定铸件的形状和尺寸，或者为了消除压铸时的内应力，进行退火或时效处理是必要的。而退火、时效处理的温度并不使铸件产生鼓泡。

对于镁合金和含镁量高的铝合金铸件，压铸后的应力较大，亦应及时进行退火或时效处理，以免产生严重的变形或裂纹。

由于压铸件不仅只在常温条件下工作，而且有的还要求在负温条件下工作，为使压铸件适应这种工作条件，必须进行略低于（或等于）工作条件时的温度的负温时效处理，以便稳定铸件的形状和尺寸。

对于带有绝缘橡胶硅钢片镶件的压铸件，只宜进行时效处理，不宜进行退火处理。

（2）压铸件的表面处理。压铸件的表面处理主要是为了加强铸件表面的耐腐蚀性和增加美观。

由于一般金属在常温下所产生的氧化膜多存在不均匀性、疏松性和多孔性的缺点，故不能防止金属不再继续受破坏。对铸件进行表面处理就是增厚氧化膜，从而提高压铸件的表面耐蚀性。

压铸件的表面可以进行人工氧化，还可以根据需要进行涂漆、电镀等表面处理。

3.7.5　压铸件的缺陷分析

压铸件缺陷种类很多，缺陷形成的原因是多方面的。

要消除压铸件的种种缺陷，必须首先识别缺陷，检验出缺陷，并分析压铸件产生缺陷的原因，然后才能迅速而准确地采取有效的措施。检验前，应该了解铸件的用途和技术要求，以便正确地检查铸件表面或内部的质量。

压铸件常见的缺陷分析及其改善措施如表3－17所示。

表3－17　压铸件常见的缺陷分析及其改善措施

种类	特征	形成原因	改善措施
气孔	表面光滑、形状规则或不规则的孔洞	（1）金属浇入温度太高；（2）熔炼工艺不当或金属液净化不足；（3）炉料不干净；（4）压室充满度小；（5）充填时夹裹气体，排气孔堵塞，排气不畅，溢流槽不足；（6）浇道设计不良；（7）压模涂料过多	（1）保持正确的浇注温度；（2）完善熔炼净化工艺；（3）干燥净化炉料；（4）提高压室充满度；（5）提高压室充满度，增大内浇口厚度，降低冲头速度，改进排溢系统；（6）改进浇道设计；（7）减少涂料
缩孔	形状不规则，表面呈粗糙、暗色的孔洞	（1）铸件凝固收缩，压射压力不足；（2）铸件结构不良，有热节、壁厚不均；（3）溢流槽容量不足或溢口太薄；（4）余量饼太薄；（5）立式压铸机的冲头返回太快；（6）金属浇注温度过高	（1）提高压射压力；（2）改进结构，消除热节；（3）加大溢流槽容量或增厚溢口；（4）增厚余料饼；（5）保证一定持压时间；（6）控制浇注温度，尽可能降低

种类	特征	形成原因	改善措施
气泡		（1）金属液夹裹气体过多；（2）金属液温度过高；（3）模具温度太高；（4）压铸涂料多；（5）浇注系统不合理，排气不畅；（6）开模过早	（1）增加缺陷部位的溢流槽和排气孔，减少冲头速度；（2）保证正确温度；（3）控制模具温度；（4）涂料少且均匀；（5）修改浇注系统；（6）延长持压时间和留模时间
夹杂	铸件表面或内部形状不规则的内有杂物的孔穴	（1）炉料不净；（2）合金净化不足或熔渣未除净；（3）舀取合金液时带入熔渣及氧化物；（4）模具不清洁；（5）涂料中石墨夹杂太多	（1）保证炉料干净；（2）合金净化，选用便于除渣的熔剂；（3）防止熔渣及气体混入勺内；（4）注意模具清理；（5）石墨作涂料必须拌均匀并纯净
冷隔、花纹、浇不足	金属冷接，搭接；铸件表面有不规则的光滑条纹；铸件形状不完整	（1）金属温度太低；（2）冲头速度过慢；（3）储气瓶氮压过低；（4）压铸模温度过低；（5）排气不良；（6）涂料堆积过多；（7）冲头或压室磨损；（8）浇口不合理，发生喷溅式分股进入型腔；（9）压射压力不足	（1）保证金属液温度正确，检查控温装置；（2）确定压射速度正确并使之恒定；（3）查看储气瓶压力表及供油指示器，必要时补加氮气；（4）保证模温正确；（5）增加或修改通气孔和溢流槽；（6）涂料用量及浓度合适，必要时更换；（7）改进浇口设计；（8）提高压力
粘模	金属粘附模具表面	（1）金属液温度太高；（2）压铸模温度过高或过低；（3）（铝合金中）含铁量过低；（4）脱模剂使用不当；（5）压铸模中有热节；（6）压模或金属液温度太高；（7）铸件或浇道未凝	（1）保持正确的浇注温度；（2）保持正确的压模温度；（3）增加含铁量到1.0%；（4）正确使用脱模剂；（5）保证冷却水畅通或增加冷却速度；（6）保证正确的模温和金属液温度；（7）增加压模冷却速度

✕ 3.8 压铸新技术 ✕

目前，压铸新技术主要指的是真空压铸、加氧压铸、定向抽气加氧压铸、精速密压铸、半固态压铸、挤压压铸、铁合金压铸等。

3.8.1 真空压铸

真空压铸是利用辅助设备将压铸模型腔内的空气抽除而形成真空状态，并在真空状态下将金属液压铸成形的方法。真空压铸主要有以下特点。

（1）消除或显著减少压铸件中的气孔，增大压铸件的致密度，提高压铸件的力学性能和表面质量，改善镀复性能，使压铸件能进行热处理。

（2）从压铸模型腔抽出的空气显著地降低了充填反压力，可采用较低的压射压力（比常用的压射压力低10%～15%），可在提高强度的条件下使压铸件壁厚减小25%～50%。

（3）可减小浇注系统和排气系统。

（4）在现代压铸机上可以在几分之一秒内抽成所需要的真空度，并且压铸模型腔中反压力的减小增大了压铸件的结晶速度，缩短了压铸件在压铸模中停留的时间。因此，采用真空压铸法可提高生产率10%～20%。

（5）密封结构复杂，制造及安装困难，成本较高，而且难以控制。

真空压铸需要在很短的时间内达到所要求的真空度，因此必须根据型腔的容积先设计好预真空系统，如图3-8所示。

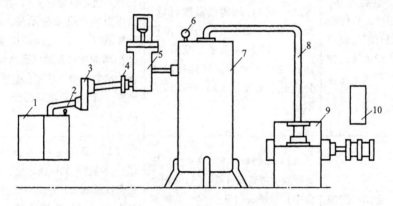

图3-8 预真空系统示意

1—压铸模；2—真空表；3—过滤器；4—接头；5—真空阀；
6—真空表；7—真空罐；8—真空管道；9—真空泵；10—电动机

真空压铸的抽气装置大体上有以下两种类型。

（1）利用真空罩封闭整个的压铸模，一些压铸机制造厂将其作为辅助装置随同主机一起供应，其装置如图3-9所示。合模时将整个压铸模密封，金属液浇注到压室后，利用压射冲头将压室密封，打开真空阀，将真空罩内空气抽出，再进行压铸。

（2）借助分型面抽真空，其装置如图3-10所示。此法简单易行，可单独配置。

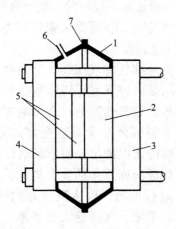 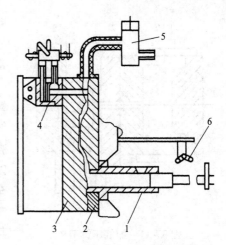

图 3-9　真空罩抽真空示意　　　　　图 3-10　由分型面抽真空示意

1—真空罩；2—动模座；3—动模架；4—定模架；　　1—压室；2—定模；3—动模；

5—压铸模；6—通往真空阀；7—弹簧垫衬　　　　4—油缸；5—真空阀；6—行程开关

3.8.2　加氧压铸和定向抽气加氧压铸

（1）加氧压铸。国外在分析铝合金压铸件气泡时发现，其中的气体有90%是氮气，而空气中的氮气应为80%，其余20%为氧气。这说明气泡中部分氧气与铝液发生了如下反应

$$4Al + 3O_2 = 2Al_2O_3$$

根据这一事实研究出了加氧压铸的新工艺。

加氧压铸是在铝金属液充填型腔之前，用氧气充填压室和型腔，以置换其中的空气和其他气体，当铝金属液充填时，一方面通过排气槽排出氧气，另一方面喷散的铝金属液与没有排出的氧气发生化学反应而产生 Al_2O_3 质点，分散在压铸件内部，从而消除不加氧时压铸件内部形成的气孔。这种 Al_2O_3 质点颗粒细小，约在 1 μm 以下，其质（重）量占压铸件总质（重）量的 0.1% ~ 0.2%，不影响力学性能，并可使压铸件进行热处理。

加氧压铸仅适用于铝合金压铸，加氧压铸有如下特点。

① 消除或减少气孔，提高压铸件质量。加氧后的铝合金比一般压铸法铸态强度可提高10%，伸长率增加1.5 ~ 2倍，因压铸件内无气孔，故可进行热处理，热处理后强度又能提高30%，屈服极限增加100%，冲击韧性也有显著提高。

② 压铸件可在 200 ℃ ~ 300 ℃ 的环境中工作，可以焊接。

③ 与真空压铸比较，结构简单，操作方便，投资少。

加氧压铸工艺如图 3-11 所示。在合模过程中，当动、定模的间距为 50 ~ 60 mm 时，从氧气瓶通过安全阀和管道来的氧气（压力为 0.3 ~ 0.5 MPa）经分配器（20 个 φ3 小孔，均匀进气）充入型腔。此时，合模工序继续进行，待合模

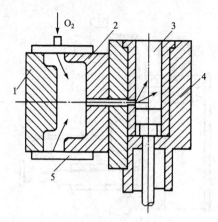

图3-11 加氧压铸示意
1—动模；2—定模；3—压室；
4—反料活塞；5—分配器

完毕后，继续加氧一段时间，关闭氧气阀，根据经验略等片刻，再浇入铝液，进行正常的压铸工艺过程。

（2）定向抽气加氧压铸。定向抽气加氧压铸实质是一种真空压铸和加氧压铸相结合的工艺。工艺过程是在金属液充填型腔之前，先将气体沿金属液充填的方向，以超过充填的速度抽出，使金属液顺利地充填。对有深凹或死角的复杂铸件，在抽气的同时进行加氧，以达到更好的效果。其优点在于避免了气体卷入金属液，防止了铸件产生气孔。

定向抽气加氧压铸装置如图3-12所示。

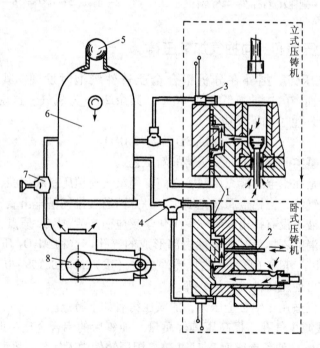

图3-12 定向抽气加氧压铸装置
1—抽气机构；2—充氧管；3—行程开关；4—电磁阀；5—安全装置；
6—真空罐；7—总阀；8—真空泵

3.8.3 精速密压铸

精速密压铸是一种精确的、快速的和密实的压铸方法，又称为套筒双冲头压铸法。

　　用普通压铸法生产的压铸件具有两个基本缺陷——气孔和缩孔。应用精速密压铸法可以在较大程度上消除这两种缺陷，从而提高压铸件的使用性能，扩大压铸件的应用范围。

　　精速密压铸法采用的压铸机比普通压铸机增加了一个二次压射机构，如图 3-13 所示。双冲头机构由一个大冲头和一个小冲头构成，两个冲头组成一体，又各自独立地由液压缸推动。

　　压射动作开始时，大、小冲头同时向左进行压射，当铸件外壳凝固后，大冲头不能继续前进时，小冲头继续前进 50~152 mm，把压室内部未凝固的金属液压入型腔，起压实和补缩作用。

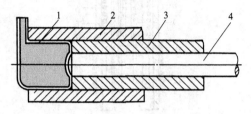

图 3-13　精速密压铸法压射机构
1—余料；2—压室；3—大冲头；4—小冲头

　　精速密压铸法具有以下主要特点。

　　（1）低的充填速度。精速密压铸法金属液的充填速度是一般压铸法的 10%，慢速充填是其基本特点。采用较低的压射速度和压力，可以减轻压射过程中发生的涡流和喷溅现象，后者往往是包住空气导致形成气孔的主要原因。

　　（2）厚的内浇口。为了发挥小冲头的作用，浇口截面积必须比较大（内浇口厚度为 5~10 mm），才能更好地传递压力，提高压铸件的致密度。有资料介绍，内浇口开设在压铸件下部的厚壁处，其厚度等于压铸件壁厚。

　　（3）控制压铸件顺序凝固。压铸模型腔在受控的情况下冷却（由外壁向内壁冷却，能达到顺序凝固），因而有利于消除缩孔和气孔。

　　（4）压射机构采用双冲头，应用小冲头辅助压实，并降低压射速度。

　　用精速密压铸法生产的压铸件与一般压铸件相比，压铸件密度大，尺寸公差小，强度高，废品率低，可焊接性良好，可进行热处理，从而延长了压铸模寿命。

3.8.4　半固态压铸

　　半固态压铸是当金属液在凝固时，进行强烈的搅拌，并在一定的冷却速率下获得 50% 左右甚至更高的固体组分的浆料，并将这种浆料进行压铸的方法。通常分为两种：第一种是将上述半固态的金属浆料直接压射到型腔里形成铸件的方法，称为流变铸造法；第二种是将半固态浆料预先制成一定大小的锭块，需要时再重新加热到半固态温度，然后送入压室进行压铸，称为触变铸造法。

　　半固态压铸与全液态金属压铸相比有如下优点。

　　（1）减少了热冲击。由于降低了浇注温度，而且半固态金属在搅拌时已有 50% 的熔化潜热散失掉了，所以大大减少了对压室、压铸模型腔和压铸机组成部

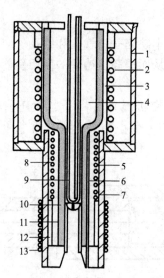

图3-14　半固态浆料连续制备装置

1—外壳；2—感应线圈；3—坩埚；4—熔融金属；
5—感应冷却线圈；6—捣实的耐火材料；7—热电偶；
8—金属浆液；9—陶瓷材料；10—感应线圈；
11—陶瓷套筒；12—绝缘材料；13—感应线圈

件的热冲击，因而可以提高压铸模的使用寿命。

（2）提高了压铸件的质量。由于半固态金属黏度比全液态金属大，内浇口处流速低，因而充填时喷溅少，无湍流，卷入空气少。又由于半固态收缩小，所以压铸件不易出现缩松和缩孔，提高了压铸件质量。

（3）输送方便。半固态金属像软固体一样输送到压室，简单方便。

半固态金属浆料连续制备装置如图3-14所示。

半固态压铸的出现，为解决铁合金压铸模寿命低的问题提出了一个办法，而且对提高压铸件质量、改善压铸机压射系统的工作条件，都有一定的作用。

3.8.5　挤压压铸

挤压压铸是一种引进挤压铸造原理生产压铸件的压铸方法。普通压铸时，气体不易排出，而挤压铸造施压直接，不易包气。压铸工作者将两者结合起来，充分发挥两者优点。具体方法有两种：一种为直接挤压，直接将冲头作型腔形状进行压射；另一种为慢速充填，型腔充满后，再用一冲头施挤压力。后者为间接挤压法。

3.8.6　铁合金压铸

目前，实验证明已能压铸灰铸铁、可锻铸铁、球墨铸铁、低碳钢、不锈钢、合金钢和工具钢等铁合金铸件。

铁合金压铸向前发展的主要困难是压铸模寿命低。铁合金的熔点比非铁合金高得多，冷却速度快，凝固范围窄，流动性差，这使得压射机构和压铸模工作条件十分恶劣，一般材料很难满足要求。此外，铁合金在液态下长期保温易氧化，又给压铸工艺带来了困难。为此，寻求新的压铸模材料，改进压铸工艺就成了发展铁合金压铸的关键。

目前，在铁合金压铸中，常用的压铸模材料是高熔点的耐热合金（主要是钼、钨基合金），它们都具有良好的热疲劳性能。高熔点耐热合金的线胀系数仅为普通压铸材料的1/3，而热导率却增大了4倍，熔点为2 600 ℃，在压铸温度范围内不产生任何相变。这些特殊性能都使其热疲劳性能得到了提高，因而得到了推广。

铁合金压铸要求压射机构有较好的高温强度、抗热震性和耐磨性能，而且结构简单，维修方便。压室受热膨胀不均常会阻滞压射冲头运动，高温又会使压室变软，熔融钢水形成的凝固表皮也会对压射冲头运动不利，因此，压射冲头易损坏。在设计时，应使压射冲头与压室间有适当的间隙（见表3-18）。

表3-18　压射冲头与压室的配合间隙　mm

压室直径	40	50	60	70
间　隙	0.07 ~ 0.15	0.10 ~ 0.15	0.125 ~ 0.175	0.125 ~ 0.175

铁合金压铸的工艺特点为低温、低速、大的内浇口，充分预热压铸模及尽早取出铸件。

铁合金压铸用涂料如表3-19所示，或用一号胶体石墨水剂，其成分为：石墨粉占21%，其余为水。涂料的灰分应在2%以下。由于耐热合金铸模具有足够的耐热性，故涂料层不宜太厚，否则会影响压铸件的表面质量。

表3-19　钢铁材料压铸涂料

序号	成　分/%						用　途
	石英粉	氧化铝	石墨粉	水玻璃	高锰酸钾	水	
1	15		5	5	0.1	余量	浇注温度低于1 500 ℃的合金
2		15	5	5	0.1	余量	浇注温度高于1 500 ℃的合金
备注	耐热，在800 ℃下烘烤2 h后过270#筛	耐热，在1 200 ℃下烘烤2 h后过270#筛	稍加热后过270#筛	模数M > 2.7		80 ℃ ~100 ℃	

第4章　压铸模与压铸机

※　4.1　压铸模的基本结构　※

压铸模、压铸设备和压铸工艺是压铸生产的3个要素。在这3个要素中，压铸模最为关键。

压铸模是由定模和动模两个主要部分组成的。定模固定在压铸机压室一方的定模座板上，是金属液开始进入压铸模型腔的部分，也是压铸模型腔的所在部分之一。定模上有直浇道直接与压铸机的喷嘴或压室连接。动模固定在压铸机的动模座板上，随动模座板向左、向右移动与定模分开和合拢，一般抽芯和铸件顶出机构设在其内。

压铸模的基本结构如图4-1所示。

压铸模通常包括以下结构单元。

（1）成形部分。定模与动模合拢后，形成一个构成铸件形状的空腔，通常称之为型腔。构成形腔的零件即为成形零件，成形零件包括固定的和活动的镶块与型芯。有时，又可以同时成为构成浇注系统和排溢系统的零件，如局部的横浇道、内浇口、溢流槽和排气槽等部分。

（2）模架。包括各种模板、座架等构架零件。其作用是将模具各部分按一定的规律和位置加以组合和固定，并使模具能够安装到压铸机上。图4-1中，件4、9、10等就属于这类零件。

（3）导向零件。图4-1中，件18、21为导向零件。其作用是准确地引导动模和定模合拢或分离。

（4）顶出机构。它是将铸件从模具上脱出的机构，包括顶出和复位零件，还包括这个机构自身的导向和定位零件，如图4-1中的件22、23、24、25、27、28。对于在重要部位和易损部分（如浇道、浇口处）的推杆，应采用与成形零件相同的材料来制造。

（5）浇注系统。与成形部分及压室连接，引导金属液按一定的方向进入铸型的成形部分，它直接影响金属液进入成形部分的速度和压力，由直浇道、横浇道和内浇口等组成，如图 4-1 中的件 14、15、16、17、19。

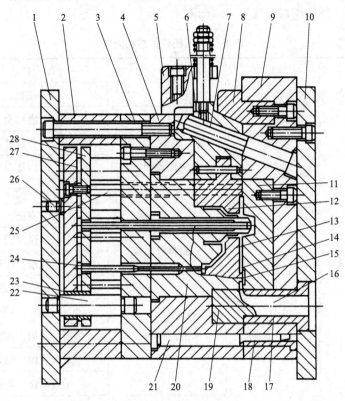

图 4-1 压铸模的基本结构

1—动模座板；2—垫块；3—支承板；4—动模套板；5—限位块；6—滑块；7—斜销；8—楔紧块；
9—定模套板；10—定模座板；11—定模镶块；12—活动型芯；13—型腔；14—内浇口；
15—横浇道；16—直浇道；17—浇口套；18—导套；19—导流块；20—动模镶块；
21—导柱；22—推板导柱；23—推板导套；24—推杆；25—复位杆；
26—限位钉；27—推板；28—推杆固定板

（6）排溢系统。排溢系统是排除压室、浇道和型腔中的气体的通道，一般包括排气槽和溢流槽。而溢流槽又是储存冷金属和涂料余烬的处所。有时在难以排气的深腔部位设置通气塞，借以改善该处的排气条件。

（7）其他。除前述的各结构单元外，模具内还有其他结构如紧固用的螺栓、销钉以及定位用的定位件等。

上述的结构单元是每副模具都必须具有的。此外，由于铸件的形状和结构上的需要，在模具上还常常设有抽芯机构，以便消除影响铸件从模具中取出的障碍。抽芯机构也是压铸模中十分重要的结构单元，其形式是多种多样的。另外，为了保持模具温度场的分布符合工艺的需要，模具内还设有冷却装置或冷却-加热装置，对实现科学地控制工艺参数和确保铸件质量来说，这一点尤其重要。具有良好的冷却

（或冷却 – 加热）系统的模具，其使用寿命往往可以延长一倍以上。

压铸模的结构组成如表 4 – 1 所示。

表 4 – 1　压铸模的结构组成

压铸模	模体	定模	型腔	型芯
				镶块
			浇注系统	浇口套
				分流锥
				内浇口
				横浇道
				直浇道
			溢流排气系统	溢流槽
				排气槽、排气塞
		动模	抽芯机构	活动型芯
				滑块、斜滑块
				斜销、弯销、齿轮、齿条
				楔紧块、楔紧销
				限位钉、限位块
			导向部分	导柱、导套
			模体部分	套板、座板、支承板
			加热冷却系统	加热及冷却通道
	模架	推出机构	推杆、推管、卸料板
			推板、推杆、固定板
			复位杆、导柱、导套、限位钉
		预复位机构	摆轮、摆轮架
			预复位推杆
		模架	模脚垫块、座板

❈　4.2　压铸模的设计依据与步骤　❈

压铸模是进行压铸生产的主要工艺装备，生产过程能否顺利进行，铸件质量有无保证，在很大程度上取决于模具结构的合理性和技术上的先进性。压铸生产时，压铸工艺方面的各种工艺参数的正确采用，是获得优质铸件的决定因素，而压铸模则是正确地选择和调整有关工艺参数的基础。

压铸模在压铸生产过程中所起的重要作用是：

（1）决定铸件的形状和尺寸精度。

（2）已定的浇注系统（特别是内浇口位置）决定着金属液的充填状况。

（3）已定的排溢系统影响金属液的充填条件。

（4）模具的强度限制着压射比压的最大限度。

（5）影响操作的效率，控制和调节压铸过程的热平衡。

（6）铸件取出时的质量（如变形等）。

（7）模具成形表面的质量既影响铸件质量，又影响涂料喷涂周期，更影响取出铸件的难易程度。

由此可见，铸件的形状、精度、表面要求、内部质量和生产操作的顺利程度等方面常常与压铸模的设计质量和制造质量有直接关系。更重要的是，模具设计并制造好以后，可以再修改的程度就不大了，上述的作用与铸件质量的关系也就相对地固定了，这就是模具的设计和制造一定要建立在与压铸工艺要求相适应的基础上的缘故。因此，从某种程度上来说，压铸模与压铸工艺、生产操作存在着极为密切而又互为制约、互相影响的特殊关系。其中，压铸模的设计，实质上是对生产过程中可能出现的各种因素的预计的综合反映。所以，在设计压铸模时，必须全面分析铸件结构，熟悉压铸机操作过程特性及工艺参数可调节的范围，分析金属液的充填特点，此外，还要考虑经济效果和制造条件等。只有这样，才能设计出符合实际、满足生产要求的压铸模。

1. 压铸模设计的依据

压铸模设计的依据主要有如下几方面。

（1）定形的产品图样以及据此设计的毛坯图。

（2）给定的技术条件及压铸合金。

（3）压铸机的规格。

（4）生产批量。

2. 压铸模设计的基本要求和设计步骤

1）压铸模设计的基本要求

（1）所生产的压铸件应符合压铸毛坯图上所规定的形状尺寸及各项技术要求，特别是要设法保证高精度和高质量部位达到要求，要尽量减少机械加工部位和加工余量。

（2）模具应适合压铸生产工艺的要求，并且技术经济性合理。

（3）在保证压铸件质量和安全生产的前提下，应采用合理、先进、简单的结构，减少操作程序，使动作准确可靠，构件刚性良好，易损件拆换方便，便于维修，并有利于延长模具工作寿命。

（4）模具上各种零件应满足机械加工工艺和热处理工艺的要求。选材适当，配合精度选用合理，达到各项技术要求。

（5）掌握压铸机的技术特性，充分发挥压铸机的技术功能和生产能力。准确选定安装尺寸，使模具与压铸机的连接安装既方便又准确可靠。

（6）在条件许可时，模具的零部件应尽可能实现标准化、通用化和系列化，以缩短设计和制造周期。

2）压铸模设计的主要步骤

（1）对零件图进行工艺性分析。主要内容有：

① 根据零件所选用的合金种类，分析零件的形状、结构、精度和各项技术指标。对那些不适合压铸的因素，要与用户协商使其合理化。只有在确属必要时，才采用特殊的模具结构和特殊的工艺措施，诸如形成内侧凹的活动镶件、配用真空压铸系统等。

② 确定机械加工部位、加工余量、加工时的工艺措施以及定位基准等。

（2）对模具结构进行初步设计，确定成形部分尺寸。这一部分的主要内容有：

① 选择分型面，确定型腔数量。

② 选择内浇口进口位置，确定浇注系统、排溢系统的总体布置方案。

③ 确定抽芯数量，选用合理的抽芯方案。

④ 确定推出元件的位置，选择合理地推出、复位方案。

⑤ 对带嵌件的铸件，要考虑嵌件装夹和固定方式。

（3）选定压铸机的规格。按合金种类选择压铸机类型后，再按投影面积和质量要求特点来选定压铸机，同时要兼顾所拥有设备生产负荷的均衡性。选定压铸机规格的主要内容有：

① 确定压射比压，计算锁模力，选定压铸机型号和规格。

② 选用压铸机所需的附件，如液压抽芯器、通用模座等。

③ 估计压铸机的开模距离，必要时估算铸件所需的开模力和推出力。

（4）绘制铸件图。主要内容有：

① 绘出铸件图形。

② 标注机械加工余量、加工基准、脱模斜度及其他工艺方案。

③ 绘出分型面位置、浇注系统、溢流槽和排气槽、推出元件位置和尺寸。

④ 写出铸件的各项技术指标。

⑤ 注明压铸的合金种类、牌号及技术标准。

（5）确定压铸模总体设计方案。应考虑如下几点：

① 铸件成形可靠，质量能满足产品的各项技术要求。

② 模具结构简单、先进、合理，动作准确可靠，维修方便。

③ 制造成本低、省工、省料。

④ 能充分发挥压铸机的生产能力。

（6）压铸模总体设计。应包括以下的主要内容：

① 按初步设计方案，绘制分型面、型腔位置、浇注系统及排溢系统的布置方案。

② 确定型芯的分割位置、尺寸和固定方法。

③ 确定成形部分镶块的拼镶方法和固定方法，以及镶块的尺寸和加工精度。

④ 计算抽芯力，确定抽芯机构各部分的尺寸。

⑤ 确定推杆、复位杆等的位置和尺寸。

⑥ 布置冷却和加热管道的位置和尺寸。

⑦ 确定动模和定模镶块、动模和定模套板的外形尺寸（长×宽×高）以及导柱、导套的位置和尺寸。

⑧ 确定推出机构各部分的尺寸，核算推出行程、预复位机构和尺寸。

⑨ 确定嵌件的装夹、固定方法和尺寸。

⑩ 计算模具的总厚度，核对压铸机的最大和最小开模距离。

⑪ 按模具的外形轮廓尺寸，核对压铸机拉杆间距。

⑫ 按模具动模和定模座板尺寸，核对压铸机安装槽或孔的位置。

⑬ 根据选用的压射比压，计算模具在分型面上的反压力总和，复核压铸机的锁模力。

⑭ 根据选用的压铸机、压室尺寸和容量核算压室充满度。

（7）绘制模具总装图及零件图。应推广压铸模设计的计算机绘图和标准模架。当用手工绘图时，其主要内容有：

① 绘制模具总装图时，应按比例、正确的投影位置，清晰地表示各部分结构的形状、大小、装配关系，并列出完整的零件明细表、标题栏及技术要求。

② 绘制模具中各零件图，计算并标注各部分尺寸，注明制造公差、表面粗糙度及技术要求。

③ 根据已绘制的模具总装图、零件图进行描图，核对全部图样。

④ 复制图样，以备模具制造时使用。

❈ 4.3 压 铸 机 ❈

压铸机是压铸生产最基本的设备，是压铸生产中提供能源和选择最佳压铸工艺参数的条件，是获得优质压铸件的技术保证。

压铸模设计时，首先应选择合适的压铸机，为了保证压铸生产的正常进行和获得优质铸件，必须使所选压铸机的技术规格及其性能符合压铸件的客观要求。相反，如果压铸机是已定的，那么所设计的压铸模必须满足压铸机的规格和性能的要求。

4.3.1　压铸机的分类和特点

1. 压铸机的分类

压铸机通常按压室的受热条件的不同分为冷压室压铸机（简称冷室压铸机）和热压室压铸机（简称热室压铸机）两大类。冷室压铸机又因压室和模具放置的位置和方向不同分为卧式、立式和全立式3种。压铸机的结构如图4-2所示。

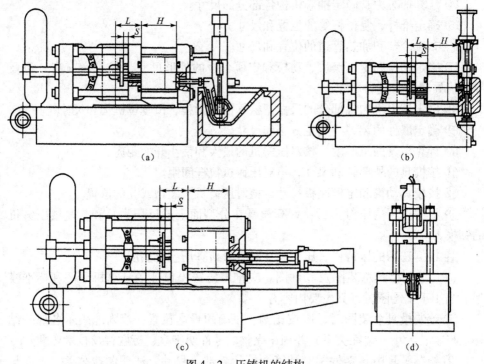

图4-2　压铸机的结构

（a）热室压铸机；（b）立式冷室压铸机；（c）卧式冷室压铸机；（d）全立式冷室压铸机

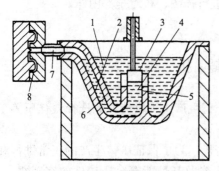

图4-3　热室压铸机压铸过程

1—金属液；2—坩埚；3—压射冲头；4—压室；
5—进口；6—鹅颈管；7—喷嘴；8—压铸模

热室压铸机的压射机构一般为立式，压室浸在保温坩埚的液态金属中与坩埚连成一体，压射部件装在坩埚上面。热室压铸机的压铸过程如图4-3所示。压射冲头上升时，金属液通过进口进入压室内，合模后，在压射冲头作用下，金属液由压室经鹅颈管、喷嘴和浇注系统进入模具型腔，冷却凝固成压铸件，动模移动与定模分离而开模，通过推出机构推出铸件而脱模，取出铸件即完成一个压铸循环。

立式冷室压铸机的压室和压射机构处于垂直位置，压室中心与模具运动方向垂直。立式冷室压铸机的压铸过程如图4-4所示。合模后，浇入压室中的金属液被已封住喷嘴孔的反料冲头托住，当压射冲头向下运动压到金属液液面时，反料冲头开始下降，打开浇口道孔，金属液进入模具型腔，凝固后，压射冲头退回，反料冲头上升切除余料并将其顶出压室，取走余料后反料冲头降到原位，然后开模取出铸件，即完成一个压铸循环。

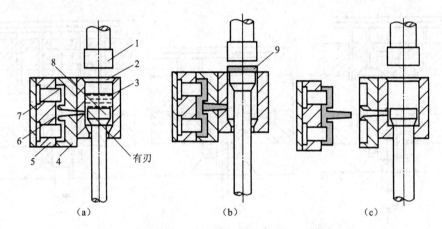

图4-4 立式冷室压铸机压铸过程
(a) 合模；(b) 压铸完成；(c) 开模

1—压射冲头；2—压室；3—金属液；4—定模；5—动模；6—喷嘴；7—型腔；8—反料冲头；9—余料

卧式冷室压铸机的压室和压射机构处于水平位置，压室中心线平行于模具运动方向。卧式冷室压铸机的压铸过程如图4-5所示。合模后，金属液浇入压室，压射冲头向前推动，金属液经浇道压入模具型腔，凝固冷却成压铸件，动模移动与定模分开而开模，在推出机构作用下推出铸件，取出铸件即完成一个压铸循环。

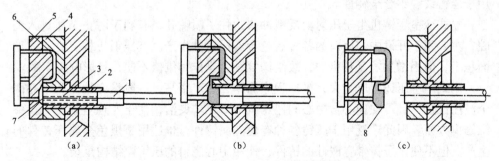

图4-5 卧式冷室压铸机压铸过程
(a) 合模；(b) 压铸；(c) 开模

1—压射冲头；2—压室；3—金属液；4—定模；5—动模；6—型腔；7—浇道；8—余料

全立式冷室压铸机的压射机构和锁模机构处于垂直位置，模具水平安装在压铸机动、定模模板上，压室中心线平行于模具运动方向。全立式冷室压铸机的压铸过程如图4-6所示。金属液浇入压室后合模，压射冲头上压使金属液进入模具型腔，凝固冷却成压铸件，动模向上移动与定模分开而开模，在推出机构作用下推出铸件，在开模同时，压射冲头上升到稍高于分型面处顶出余料，压射冲头复位，取出铸件即完成一个压铸循环。

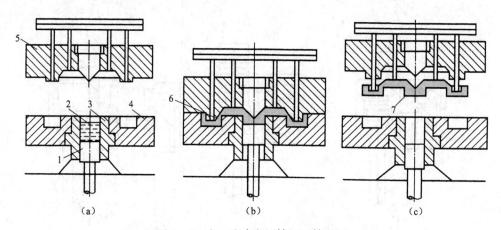

图4-6　全立式冷室压铸机压铸过程
（a）定模与动模；（b）合模压铸；（c）开模
1—压射冲头；2—金属液；3—压室；4—定模；5—动模；6—型腔；7—余料

2. 压铸机的特点

热室压铸机结构简单，操作方便，生产率高，工艺稳定，铸件夹杂少，质量好。但由于压室和压射冲头长时间浸在金属液中，极易产生黏结和腐蚀，影响使用寿命，且压室更换不便，因此它通常用于压铸锌合金、铅合金和锡合金等低熔点合金。因其生产率高，金属液纯度较高及温度波动范围小，故近年来还扩大应用于压铸镁、铝合金铸件。

立式冷室压铸机由于压射前反料冲头封住了喷嘴孔，有利于防止杂质进入型腔，主要用于开设中心浇口的各种有色金属压铸件生产。其压射机构直立，占地面积小，但因增加了反料机构，故结构复杂，操作和维修不便，且影响生产率。

卧式冷室压铸机压力大，操作程序简单，生产率高，一般设有偏心和中心两个浇注位置，且可在偏心与中心间任意调节，比较灵活，便于实现自动化，设备维修也方便。因此广泛用于压铸各种有色金属铸件，也适用于黑色金属压铸件的生产。但不便于压铸带有嵌件的铸件，使用中心浇口的压铸模结构复杂。

全立式冷室压铸机中的金属液进入模具型腔时流程短，压力损失小，故不需要很高的压射压力，冲头上下运行十分平稳，且模具水平放置，稳固可靠，安放嵌件方便，适用于各种有色金属压铸。但其结构复杂，操作维修不便，取出铸件困难，生产率低。

冷室压铸机的优点是压力大，能压铸较大的有色金属和黑色金属铸件；缺点是热量损失大，操作较繁琐，生产率不如热室压铸机高。

4.3.2 压铸机的基本机构

压铸机的主要组成如图4-7所示。压铸机的主要组成机构有：合模（型）机构、压射机构、动力系统和控制系统等。

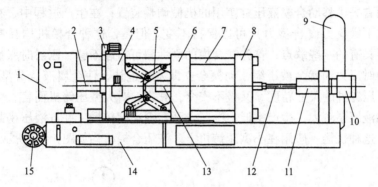

图4-7 卧式冷室压铸机的组成

1—控制柜；2—合模缸；3—模具高度调节机构；4—曲肘支承座板；5—曲肘机构；
6—动模座板；7—拉杆；8—定模座板；9—蓄能器；10—增压器；11—压射缸；
12—压室与冲头；13—顶出缸；14—底座与传动液箱；15—泵及电动机

1. 压铸机的开合模机构

开合模及锁模机构统称合模机构，它是带动压铸模的动模部分使模具分开或合拢的机构。由于压射填充时的压力作用，合拢后的动模仍有被胀开的趋势，故这一机构还要起锁紧模具的作用。推动动模移动合拢并锁紧模具的力称为锁模力，在压铸机标准中称之为合型力。合模机构必须准确可靠地动作，以保证安全生产，并确保压铸件尺寸公差要求。

压铸机的合模机构上都附有顶（推）出铸件的装置，这一装置称为顶出器，它可分为机械顶出器和液压顶出器两种形式。现代压铸机采用液压顶出器，装于动模板的背面，由两个动力油缸组成，由顶（推）出板将油缸连接在一起，顶出板上顶（推）杆孔较多，并与动模板上的孔相对应，便于铸件选择合适的顶杆位置。顶杆顶出后能延时一段时间返回，以利清理和上涂料，这些动作由电磁阀和控制系统控制。

为了满足铸件特殊部位抽芯的需要，压铸机的动模板和定模板上都附有液压抽芯器，以供压铸模设计液压抽芯之用。由控制系统的选择开关设定抽芯器动作。

压铸机的合模机构上都设有防护门以防止从压铸模分型面喷溅出金属液烫伤

操作人员。

合模机构的传动形式主要有全液压合模机构和液压、曲肘式合模机构两种。压铸机合模机构主要有如下两种形式。

1）液压合模机构

液压合模机构的动力是由合模缸中的压力油产生的，压力油的压力推动合模活塞带动动模安装板及动模进行合模，并起锁紧作用。液压合模机构的优点是：结构简单，操作方便；在安装不同厚度的压铸模时，不用调整合模液压缸座的位置，从而省去了移动合模液压缸座用的机械调整装置；在生产过程中，在液压不变的情况下锁模力（合型力）可以保持不变。但是，这种合模机构具有通常液压系统所具有的一些缺点：首先，合模的刚性和可靠性不够，压射时胀型力稍大于锁模力时压力油就会被压缩，动模会立即发生退让，使金属液从分型面喷出，既降低了压铸件的尺寸精度，又极不安全；其次，对大型压铸机而言，合模液压缸直径和液压泵较大，生产率低；第三，开合模速度较慢，并且液压密封元件容易磨损。这种机构一般用在小型压铸机上。液压合模机构如图4-8所示。

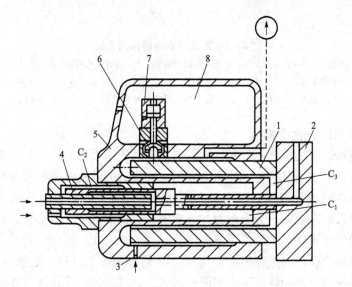

图4-8　液压合模机构

1—外缸；2—动模固定板；3—增压器口；4—内缸；5—合模缸；6—充填阀塞；7—充填阀；8—充填油箱；
C_1—开模腔；C_2—内合模腔；C_3—外合模腔

该机构由合模缸5、内缸4、外缸1和动模固定板2组成。合模缸座、内缸、外缸组成开模腔 C_1、内合模腔 C_2 和外合模腔 C_3。

当向内合模腔 C_2 通入高压油时，内缸4向右运动，带动外缸1与动模固定板2向右移动，产生合模动作。随着外缸1的移动，外合模腔 C_3 内产生负压，充填阀塞6被吸开，充填油箱中的常压油进入外缸内。动模合拢后，增压装置通过增压器口 3 对外合模缸中的常压油突然增压，使得压射金属液时合模力增大，压铸模锁紧而不致胀开。

2）机械合模机构

机械合模机构可分为曲肘合模机构、各种形式的偏心机构、斜楔式机构等。

目前，国产压铸机大都采用曲肘合模机构，如图 4-9 所示。此机构由 3 块座板组成，并用 4 根导柱将它们串联起来，中间是动模座板，由合模缸的活塞通过曲肘机构来带动。动作过程原理如下：压力油进入合模缸 1，推动合模活塞 2 带动连杆 3，使三角形铰链 4 绕支点摆动，通过力臂 6 将力传给动模安装板，产生合模动作。为了适应不同厚度的压铸模，用齿轮齿条 7 使动模安装板与动模作水平移动，进行调整，然后用螺母 5 固定。要求压铸模闭合时，a、b、c 3 点恰好能成一直线，亦称为"死点"，即利用这个"死点"进行锁模。

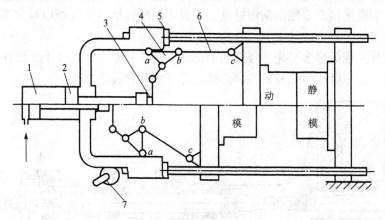

图 4-9 曲肘合模机构

1—合模缸；2—合模活塞；3—连杆；4—三角形铰链；5—螺母；6—力臂；7—齿轮齿条

曲肘合模机构的优点如下。

（1）可将合模缸的推力放大，因此与液压合模机构相比，其合模缸直径可大大减小，同时压力油的耗量也显著减少。

（2）机构运动性能良好，曲肘离死点越近，动模移动速度越低，两半模可缓慢闭合。同样在刚开模时，动模移动速度也较低，便于型芯的抽芯和开模。

（3）合模机构开合速度快，合模时刚度大而且可靠，控制系统简单，使用维修方便。

但是这种合模机构存在如下缺点：不同厚度的模具要调整行程比较困难；曲肘机构在使用过程中，由于受热膨胀的影响，合模框架的预应力是变化的。这样，容易引起压铸机拉杆过载；肘杆精度要求高，使用时其铰链内会出现高的表面压力，有时因油膜破坏而产生强烈的摩擦。综上所述，曲肘合模机构是较好的，特别适用于中型和大型压铸机，现代压铸机已为弥补调整行程困难的缺点而增加了驱动装置，通过齿轮自动调节拉杆螺母，从而达到自动调整行程的目的。

2. 压铸机的压射机构

压铸机的压射机构是将金属液推送进模具型腔，填充成形为压铸件的机构。不同型号的压铸机有不同的压射机构，但主要组成部分都包括压室、压射冲头、压射杆、压射缸及增压器等。它的结构特性决定了压铸过程中的压射速度、压射比压、压射时间等主要参数，直接影响金属液填充形态及在型腔中的运动特性，因而也影响了铸件的质量。具有优良性能的压射机构的压铸机是获得优质压铸件的可靠保证。

压射系统发展的总趋势在于获得快的压射速度、压铸终止阶段的高压力和低的压力峰。现代压铸机的压射机构的主要特点是三级压射，也就是低速排除压室中的气体和高速填充型腔的两级速度，以及不间断地给金属液施以稳定高压的一级增压。

卧式冷室压铸机多采用三级压射的形式。图4-10所示为J1113型压铸机的压射机构，是三级压射机构的一种形式。其三级压射过程如下。

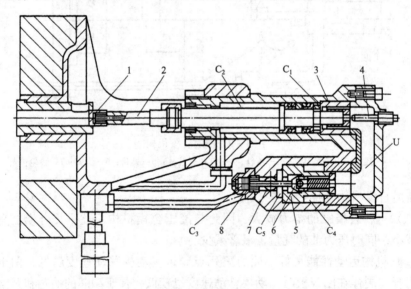

图4-10　三级压射机构
1—压射冲头；2—压射活塞；3—通油器；4—调节螺杆；5—增压活塞；
6—单向阀；7—进油孔；8—回程活塞；
C_1—压射腔；C_2—回程腔；C_3—尾腔；C_4—背压腔；C_5—后腔；U—U形腔

（1）慢速。开始压射时，压力油从进油孔7进入后腔C_5，推开单向阀6，经过U形腔，通过通油器3的中间小孔，推开压射活塞2，即为第一级压射。这一级压射活塞的行程为压射冲头刚好越过压室浇道口，其速度可通过调节螺杆4作补充调节。

（2）快速。压射冲头越过浇料口的同时，压射活塞尾端圆柱部分便脱出通油器，而使压力油得以从通油器蜂窝状孔进入压射腔 C_1，压力油迅速增多，压射速度猛然增快，即为第二次压射。

（3）增压。当填充即将终了时，金属液正在凝固，压射冲头前进的阻力增大，这个阻力反过来作用到压射腔 C_1 和 U 形腔内，使腔内的油压增高足以闭合单向阀，从而使来自进油孔 7 的压力油无法进入 C_1 和 U 形腔形成的封闭腔，而只在后腔 C_5 作用在增压活塞 5 上，增压活塞便处于平衡状态，从而对封闭腔内的油压进行增压，压射活塞也就获得增压的效果。增压的大小是通过调节背压腔 C_4 的压力来得到的。

压射活塞的回程是在压力油进入回程腔 C_2 的同时，另一路压力油进入尾腔 C_3 推动回程活塞 8，顶开单向阀 6，U 形腔和 C_1 腔便接通回路，压射活塞产生回程动作。

合模机构和压射机构通过拉杆连成一个牢固的整体，并一同固定在机座上。压铸机上都设有冷却和润滑系统。冷却系统的作用是输送冷却水供压铸模及模板冷却之用，同时也供给液压油冷却器冷却之用。润滑系统的作用是定时、定量输送润滑油给曲肘机构中的回转副，以降低摩擦因数，保证机器正常运转。压铸机的运行是由液压传动系统来进行的。压铸机的控制、操纵系统大都采用液压操纵与控制系统控制。

4.3.3　压铸机的型号及主要参数

目前，国产压铸机已经标准化，其型号主要反映压铸机类型和合模力大小等基本参数。压铸机型号是由汉语拼音字母和数字组成的。如前面的字母 J 代表金属型铸造设备，JZ 则表示自动压铸机。字母后的第一位数字表示是冷室压铸机还是热室压铸机（1 为冷室，2 为热室），第二位数字表示压铸机的结构（1 为卧式压铸机，5 为立式压铸机）。第二位以后的数字表示最大合模力（kN）的 1/100，在型号后加有字母 A、B、C、D…时，表示第几次改型设计。例如 J1125 表示最大合模力为 2 500 kN 的卧式冷室压铸机；J1512 代表最大合模力为 1 200 kN 的立式冷室压铸机。

我国压铸机的基本参数参见 JB/T 8083—2000。标准中除规定了压铸机的主要参数合模力外，还对各类压铸机的基本参数作了规定，所有压铸机都必须按标准进行设计和制造。

JB/T 8083—2000 规定，热室压铸机有 6 种规格，合模力分别为 630、1 000、1 600、2 500、4 000、6 300 kN；冷室立式压铸机有 6 种规格，合模力分别为 630、1 000、1 600、2 500、4 000、6 300 kN；卧式冷室压铸机有 12 种规格，合模力分别为 630、1 000、1 600、2 500、4 000、6 300、8 000、10 000、12 500、

16 000、20 000、25 000 kN。根据用户需要，允许生产合模力为 31 500、40 000 kN 的卧式冷室压铸机、合模力为 250 kN 的立式冷室压铸机和合模力为 250、160、100、63 kN 的热室压铸机。

国产压铸机的主要技术参数如表 4 - 2 ~ 表 4 - 4 所示。

表 4 - 2　卧式冷室压铸机基本参数

合模力 /kN	压射力 /kN	模具厚度/mm		动模板行程 /mm	拉杆内间距/mm		顶出力 /kN	顶出行程 /mm	压射位置 /mm	一次金属浇入量（铝）/kg	压室直径 /mm	空循环周期/s
		最小	最大		水平	垂直						
≥630	90	150	350	≥250	280	280			0/60	0.7	30~45	≤5
≥1 000	140	150	450	≥300	350	350	80	60	0/120	1.0	40~50	≤6
≥1 600	200	200	550	≥350	420	420	100	80	0/70/140	1.8	40~60	≤7
≥2 500	280	250	650	≥400	520	520	140	100	0/80/160	3.2	56~75	≤8
≥4 000	400	300	750	≥450	620	620	180	120	0/100/200	4.5	60~80	≤10
≥6 300	600	350	850	≥600	750	750	250	150	0/125/250	9	70~100	≤12
≥8 000	750	420	950	≥670	850	850	360	180	0/140/280	15	80~120	≤14
≥10 000	900	480	1 060	≥750	950	950	450	200	0/160/320	22	80~130	≤16
≥12 500	1 050	530	1 180	≥850	1 060	1 060	500	200	0/160/320	26	100~140	≤19
≥16 000	1 250	600	1 300	≥950	1 180	1 180	550	250	0/175/350	32	110~150	≤22
≥20 000	1 500	670	1 500	≥1 060	1 320	1 320	630	250	0/175/350	45	130~175	≤26
≥25 000	1 800	750	1 700	≥1 180	1 500	1 500	750	315	0/180/360	60	150~200	≤30

表 4 - 3　立式冷室压铸机基本参数

合模力 /kN	压射力 /kN	模具厚度/mm		动模板行程 /mm	拉杆内间距/mm		顶出力 /kN	顶出行程 /mm	压射位置 /mm	一次金属浇入量（铝）/kg	压室直径 /mm	空循环周期/s
		最小	最大		水平	垂直						
≥630	160	150	350	250	280	280				0.6	50~60	≤6
≥1 000	200	150	450	300	350	350	80	60		1	60~70	≤7.5
≥1 600	300	200	550	350	420	420	100	80		2	70~90	≤9
≥2 500	400	250	650	400	520	520	140	100	0/80	3.6	90~110	≤10
≥4 000	700	300	7 500	450	620	620	180	120	0/100	7.5	110~130	≤13
≥6 300	900	350	850	600	750	750	250	150	0/150	11.5	130~150	≤16

表 4 – 4　热室压铸机基本参数

合模力 /kN	压射力 /kN	模具厚度/mm		动模板行程 /mm	拉杠内间距/mm		顶出力 /kN	顶出行程 /mm	压射位置 /mm	一次金属浇入量(锌) /kg	标准压室直径/mm	空循环周期/s
		最小	最大		水平	垂直						
≥630	50	150	350	≥250	280	280			0	1.2	60	≤4
≥1 000	70	150	450	≥300	350	350	80	≥60	0/50	2.5	70	≤5
≥1 600	90	200	550	≥350	420	420	100	≥80	0/60	3.5	80	≤6
≥2 500	120	250	650	≥400	520	520	140	≥100	0/80	5	90	≤7
≥4 000	150	300	750	≥450	620	620	180	≥120	0/100	7.5	100	≤8
≥6 300	200	350	850	≥600	750	750	250	≥150	0/150	12.5	110	≤10

4.3.4　压铸机的选用

在实际生产中，并不是每台压铸机都能满足压铸各种产品的需要，而要根据具体情况进行选用。选用压铸机时应考虑下述两个方面的问题。

首先，应考虑压铸件的不同品种和批量。在组织多品种小批量的生产时，一般选用液压系统简单、适应性强和能快速进行调整的压铸机。如果组织的是少品种大量生产，则应选用配备各种机械化和自动化控制机构的高效率压铸机。对于单一品种大量生产的铸件，可选用专用压铸机。

其次，应考虑压铸件的不同结构和工艺参数。压铸件的外形尺寸、质量、壁厚以及工艺参数的不同，对压铸机的选用有重大影响。

根据锁模力选用压铸机是一种传统的并被广泛采用的方法，压铸机的型号就是以合模力的大小来定义的。

根据能量供求关系（$p - Q^2$ 图）选用压铸机是一种新的更先进合理的方法。但由于压铸机制造商很少能提供压铸机的 $p - Q^2$ 图，而压铸机的使用方自行测绘压铸机的 $p - Q^2$ 图又存在一定的困难，故用 $p - Q^2$ 图来选用压铸机目前还很少使用。

压铸机初选后，还必须对压室容量和开模距离等参数进行校核。

1. 压铸机锁模力的计算

在压铸过程中，金属液以极高的速度充填压铸模型腔，在充满压铸模型腔的瞬间以及增压阶段，金属液受到很大的压力，此力作用到压铸模型腔的各个方向，力图使压铸模沿分型面胀开，故称之为胀型力。锁紧压铸模使之不被胀型力胀开的力称为锁模力。为了防止压铸模被胀开，锁模力要大于胀型力在合模方向上的合力，其计算式为

$$F_{锁} = K(F_{主} + F_{分})\qquad\qquad(4-1)$$

式中　$F_{锁}$——压铸机应有的锁模力，N；

　　　K——安全系数，$K=1.25$；

　　　$F_{主}$——主胀型力，N；

　　　$F_{分}$——分胀型力，N。

主胀型力计算公式为

$$F_{主}=Ap \qquad (4-2)$$

式中　$F_{主}$——主胀型力，N；

　　　p——压射压力，Pa；

　　　A——铸件在分型面上的投影面积，m²，多腔模则为各腔投影面积之和，一般另加30%作为浇注系统与溢流排气系统的面积。

当有抽芯机构组成侧向活动型芯成形铸件时，金属液充满型腔后产生的压力 $F_{反}$ 作用在侧向活动型芯的成形面上使型芯后退，故常采用楔紧块斜面锁紧与活动型芯连接的滑块，此时在楔紧块斜面上产生法向分力（见图4-11），这个法向分力即为分胀型力，其值为各个型芯所产生的法向分力之和（如果侧向活动型芯成形面积不大，分胀型力可以忽略不计）。

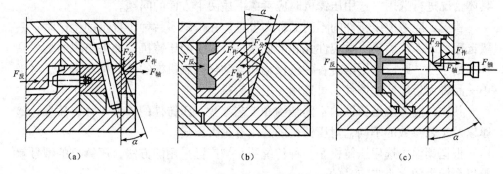

图4-11　法向分胀型力核算参考图

(a) 斜销抽芯；(b) 液压抽芯；(c) 斜滑块抽芯

斜销抽芯和斜滑块抽芯的分胀型力计算公式为

$$F_{分}=\sum(A_{芯}\,p\tan\alpha) \qquad (4-3)$$

式中　$F_{分}$——分胀型力，N；

　　　p——压射压力，Pa；

　　　$A_{芯}$——侧向活动型芯成形端面的投影面积，m²；

　　　α——楔紧块的楔紧角，°。

液压抽芯的分胀型力计算公式为

$$F_{分}=\sum(A_{芯}\,p\tan\alpha-F_{插}) \qquad (4-4)$$

式中　$F_{分}$——分胀型力，N；

　　　p——压射压力，Pa；

$A_芯$——侧向活动型芯成形端面的投影面积，m^2；

α——楔紧块的楔紧角，°；

$F_插$——液压抽芯器的插芯力，N，如果液压抽芯器未标明插芯力，可按式（4-5）计算

$$F_插 = 0.785 D^2_插 p_管 \qquad (4-5)$$

式中　$F_插$——液压抽芯器的插芯力，N；

　　　$D_插$——液压抽芯器的液压缸直径，m；

　　　$p_管$——压铸机管道压力，Pa。

当实际压力中心偏离锁模力中心时，按式（4-6）计算。

$$F_偏 = F_锁(1 + 2e) \qquad (4-6)$$

式中　$F_偏$——实际压力中心偏离锁模力中心时的锁模力，N；

　　　$F_锁$——同中心时的锁模力，N；

　　　e——型腔投影面积重心最大偏移率（水平或垂直），可按式（4-7）计算

$$e = \left(\frac{\sum C_i}{\sum A_i} - \frac{L}{2} \right) \frac{1}{L} \qquad (4-7)$$

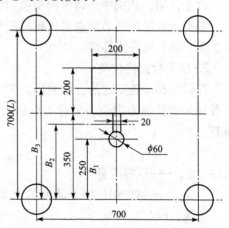

图 4-12　偏中心时锁模力的计算

式中　A_i——余料、浇道与铸件的投影面积，mm^2；

　　　L——拉杠中心距，mm；

　　　C_i——A_i对底部拉杠中心的面积矩，$C_i = A_i \times B_i$，mm^3；

　　　B_i——从底部拉杆中心到各面积A_i重心的距离（见图4-12），mm。

计算举例如表4-5所示。

表 4-5　面积矩计算举例

项目	A_i/mm^2	B_i/mm	$C_i(=A_i \times B_i)/mm^3$
余料	2 827	250	706 750
浇道	1 400	315	441 000
铸件	40 000	450	18 000 000
$\sum$	$\sum A_i = 44\ 227$		$\sum C_i = 19\ 147\ 750$

从底部拉杆中心到实际压力中心的距离 $= \dfrac{\sum C_i}{\sum A_i} = \dfrac{19\ 147\ 750}{44\ 227} = 432.9$

（mm）。

垂直偏心距 $= \dfrac{\sum C_i}{\sum A_i} - \dfrac{L}{2} = 432.9 - \dfrac{700}{2} = 82.9$ （mm）。

垂直偏移率 $e = \left(\dfrac{\sum C_i}{\sum A_i} - \dfrac{L}{2} \right) \dfrac{1}{L} = \dfrac{82.9}{700} = 0.118$。

水平偏移率本例为零。

偏中心时的锁模力 $F_{偏} = F_{锁}(1 + 2e) = F_{锁}(1 + 2 \times 0.118) \approx 1.24\ F_{锁}$。

以上说明，此例中压铸机的锁模力比同中心时的锁模力大 24%。

根据计算的锁模力来选取压铸机的型号，使所选型号的压铸机的额定锁模力大于所计算的锁模力即可。

2. 压室容量的校核

压铸机初步选定之后，压射压力和压室的尺寸也相应得到确定，压室可容纳金属液的质量也为定值。但是否能够容纳每次浇注的金属液的质量，需按下式核算

$$G_{室} > G_{浇} \tag{4-8}$$

式中 $G_{室}$——压室容量，kg；

$G_{浇}$——每次浇注的金属液的质量，包括铸件、浇注系统、溢排系统的质量，kg。

压室容量可按下式计算

$$G_{室} = \pi D_{室}^2 L \rho K / 4 \tag{4-9}$$

式中 $G_{室}$——压室容量，kg；

$D_{室}$——压室直径，m；

L——压室长度（包括浇口套长度），m；

ρ——液态合金密度，如表 4-6 所示，kg·m^{-3}；

K——压室充满度，$K = 60\% \sim 80\%$。

表 4-6   液态合金的密度

合金种类	铅合金	锡合金	锌合金	铝合金	镁合金	铜合金
$\rho/(\text{kg}\cdot\text{m}^{-3})$	$(8\sim10)\times10^3$	$(6.6\sim7.3)\times10^3$	6.4×10^3	2.4×10^3	1.65×10^3	7.5×10^3

3. 开模距离的校核

压铸模合模后应能严密地锁紧分型面，因此，要求合模后的模具总厚度大于（一般大 20 mm）压铸机的最小合模距离。开模后应能顺利地取出铸件，最大开

模距离减去模具总厚度的数值即为取出铸件（包括浇注系统）的空间。上述关系可用图4-13加以说明，由图4-13可知

$$H_{合} = h_1 + h_2 \qquad (4-10)$$

$$H_{合} \geqslant L_{min} + 20 \text{ mm} \qquad (4-11)$$

$$L_{max} \geqslant H_{合} + L_1 + L_2 + 10 \text{ mm} \qquad (4-12)$$

$$L \geqslant L_1 + L_2 + 10 \text{ mm} \qquad (4-13)$$

式中　　h_1——定模厚度，mm；

h_2——动模厚度，mm；

$H_{合}$——压铸模合模后的总厚度，mm；

L_{min}——最小合模距离，mm；

L_{max}——最大开模距离，mm；

L_1——铸件（包括浇注系统）厚度，mm；

L_2——铸件推出距离，mm；

L——最小开模距离，mm。

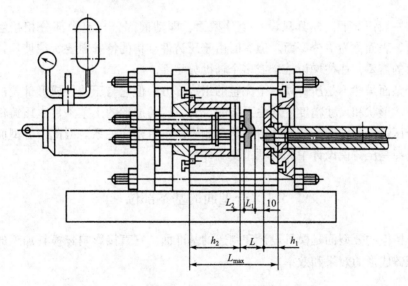

图4-13　压铸机开模距离与压铸模厚度的关系

第5章 压铸模分型面设计

为了加工和组装成形零件，安放嵌件和其他活动型芯，为了将成形的压铸件从模体内取出，必须将模具分割成可以分离的两部分或几部分。在合模时，这些分离的部分将成形零件封闭为成形空腔。压铸成形后，使它们分离，取出压铸件和浇注余料以及清除杂物。这些可以分离部分的相互接触的表面称为分型面。

在一般情况下，模具只设一个分型面，即动模部分与定模部分相接触的表面，这一表面称为主分型面。但有时由于压铸件结构的特殊需要，或使压铸件完全脱模的需要，往往增设一个或多个辅助分型面。

分型面虽然不是压铸模一个完整的组成部分，但它与压铸件成形部位的位置和分布、形状和尺寸精度、浇注系统的设置、压铸成形的工艺条件、压铸件的质量以及压铸模的结构形式、制造工艺和制模成本有密切关系。因此，分型面的设计和选择是压铸模设计中的一项重要工作。

5.1 分型面的基本部位

压铸模的分型面是模具设计和制造的基准面。它直接影响着模具加工的工艺以及压铸成形的效果和效率。

5.1.1 分型面的基本部位

分型面与组成压铸件形状的型腔的相对位置可归纳为如图5－1所示的几个基本部位。

图5－1（a）所示是型腔全部设置在定模内，能保证压铸件外形的同轴度要求，同时，金属液的压射终端与分型面重合，有利于排出型腔内的气体，是最常用的一种形式。

图5－1（b）、（c）所示是压铸件型腔被分型面截开，分别处于定模和动模内，合模时，必须有较高的形位要求才能保证压铸外形的同轴度。图5－1（b）

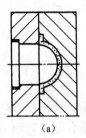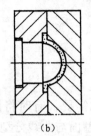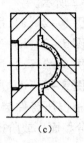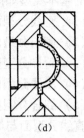

（a）　　　　　　（b）　　　　　　（c）　　　　　　（d）

图 5 - 1　分型面的基本部位

则可能产生排气不畅的现象。

图 5 - 1（d）所示的型腔也分设在定模和动模内。为了保证定模和动模在合模时不错位，采用斜止口的对中方式，对有较高同轴度要求的高腔压铸件，除可保证形位要求外，还起到加固型腔的作用。

5.1.2　分型面的影响因素

分型面对下列几个方面有直接的影响。

（1）压铸件在模具内的成形位置。

（2）确定定模和动模各自所包含的成形部分。

（3）影响压铸模结构的繁简程度。

（4）浇注系统的布置形式及内浇口的位置和导流方向、导流方式。

（5）型腔排气条件及排溢系统的排溢效果。

（6）模具成形零件的组合及镶拼方法。

（7）以分型面作为加工装配的基准面对压铸件尺寸精度的保证程度。

（8）压铸生产时的生产效率以及对成形部位的清理效果。

（9）压铸件的脱模方向及脱模斜度的倾向。开模时，能否按要求使压铸件留在动模。

（10）压铸件表面的美观和修整的难易程度。

❈　5.2　分型面的基本类型　❈

压铸模分型面的形式应根据压铸件的形状特点确定。还应考虑到压铸工艺方面的诸多因素，并使模具的制造尽量简便。

分型面大致可分为如下几种类型。

5.2.1　单分型面

通过一次分型即可使压铸件和浇注余料完全脱模的结构即为单分型面。单分型面的基本类型如图5-2所示。

（1）直线分型面如图5-2（a）所示。

（2）倾斜分型面如图5-2（b）所示。

（3）阶梯分型面如图5-2（c）所示。

（4）曲线分型面如图5-2（d）所示。

（5）综合分型面　根据压铸件结构的需要，有时将倾斜分型面与曲线分型面、直线分型面与倾斜分型面，或阶梯分型面与曲线分型面结合起来，形成综合分型面，如图5-2（e）所示。

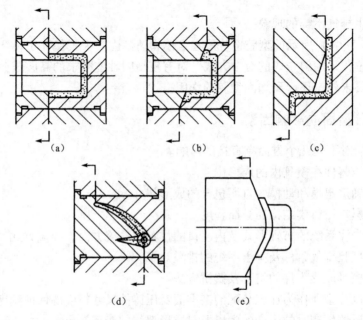

图5-2　单分型面

在压射成形时，型腔两侧所受到的侧面压射压力相互平衡才能保证压铸模的稳定状态。但采用阶梯式分型面时，两侧的受力不均匀，打破了平衡状态，如图5-3所示。型腔的受力状况如图5-3（a）所示。由于左侧型腔所受到的压射力F大，形成偏心力F，促使定模与动模有相对滑移的倾向。如果其偏心力不大，可由导柱来承担；如果偏心力过大，导柱则因超负载的承压而引起弯曲或过度磨损。为避免这种情况发生，可以采取以下方法解决。

（1）在型腔受力大的一侧，单独设置斜楔镶块，如图5-3（b）所示。

（2）型腔设置呈对称布局。如图5-3（c）、（d）所示，型腔两侧受到相同的侧压射力，使型腔受力达到平衡状态。同时，又使模具结构紧凑。内浇口可采用侧浇口，使排气效果良好，有利于金属液的流动。

5.2.2 多分型面

由于结构的需要，当一个分型面不能满足要求时，可采用多分型面的结构形式。如图5-4（a）所示是为了取出直浇道凝料而设置的分型面 I - I。开模时，在顺序分型脱模机构的作用下，首先从 I - I 处分型，拉断并推出直浇道余料后，才从 II - II 处分型。为了区分这种情况，把分型面 II - II 称为主分型面，分型面 I - I 称为辅助分型面。

在图5-4（b）中，压铸件端部在型腔和型芯的夹持下很难脱出，必须在顺序分型脱模机构的作用下，首先从 I - I 处分型，待定模型芯脱出后，再从主分型面 II - II 处分型，使压铸件顺利脱离型腔。

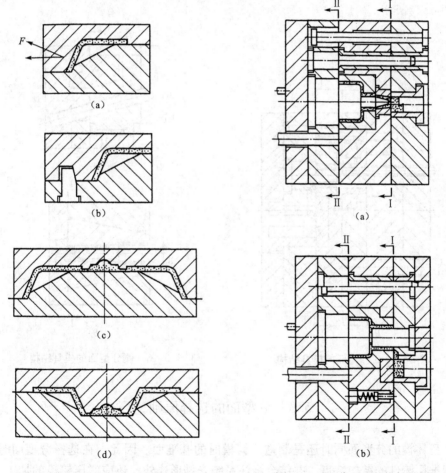

图5-3 阶梯式分型面的受力状况   图5-4 双分型面的模具结构

图5-5所示的压铸件必须通过多次分型，按顺序分别脱出型芯和型腔，才能使压铸件完全脱离模体。开模时，首先从 I - I 处分型，脱出定模型芯，并拉

断和推出浇注余料，再从Ⅱ-Ⅱ处分型，使压铸件的小端脱出型腔。这些动作完成之后，才从主分型面Ⅲ-Ⅲ处分型，使压铸件脱离动模型芯，推杆将含在型腔中的压铸件脱出模体。

5.2.3　侧分型面

上面介绍的都是与开模方向垂直的分型面。当模具有侧抽芯的结构形式时，除了设置垂直分型面外，还应设置与开模方向平行的分型面，即侧分型面，如图5-6所示。图5-6（a）所示为在从Ⅰ处分型时，侧滑块在斜销的驱动作用下，从Ⅱ处侧分型，并进行侧抽芯动作。图5-6（b）所示为斜滑块侧抽芯机构，开模时，从Ⅰ处分型后，斜滑块在推杆作用下才开始在Ⅱ处分型，完成侧抽芯动作。

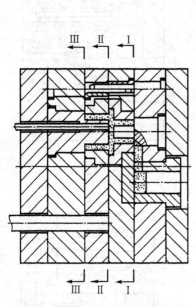

图5-5　3分型面的模具结构

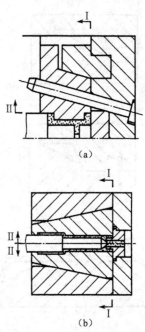

图5-6　侧分型面的模具结构

▩　5.3　分型面的选择原则　▩

压铸模的分型面同时还是制造压铸模时的基准面。因此，在选择分型面时，除根据压铸件的结构特点，并结合浇注系统安排形式外，还应对压铸模的加工工艺和装配工艺以及压铸件的脱模条件等诸多因素统筹考虑确定。分型面的选择原则如下。

5.3.1 分型面应力求简单和易于加工

对于倾斜分型面或曲线分型面，为便于加工和研合，应采用贯通的结构形式。图 5-7 所示分别为倾斜分型面和曲线分型面。左图的贯通结构只有一个斜面或曲面相互的对合面，易于加工，易于研合。右图的形式有几个研合面，给加工和研合带来了困难。

图 5-8 所示为应选择有利于成形零件加工的形式。图 5-8（a）所示为蝶形螺母。如采用 I-I 作为分型面，由于形成窄而深的型腔，用普通机械加工很难成形，只能采用特殊的电加工方法，除了需制作电极外，还不容易抛光。分型面设在 II-II 处，将使型腔制作变得简单，用普通的机械加工方法即可完成。

图 5-8（b）所示为支架类压铸件。采用 I-I 作为分型面，需设置两个相互对称的侧抽芯机构，这使模具结构复杂，同时增大了模具的总体高度，也给成形部位的加工带来困难。如采用 II-II 作为分型面，则省去了侧抽芯机构，成形部位只是一个对合的型腔，容易加工成形。

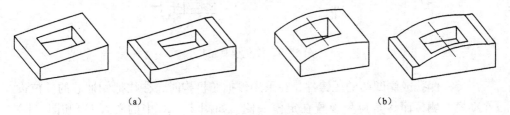

（a）   （b）

图 5-7 分型面的贯通形式

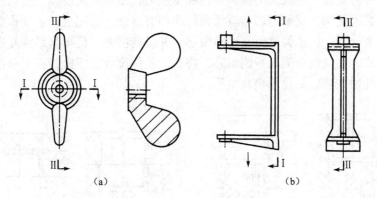

（a）   （b）

图 5-8 易于加工的分型面

5.3.2 有利于简化模具结构

选择良好的分型面可以简化模具结构，如图 5-9 所示。图 5-9（a）所示为两孔轴线呈锐角交叉的压铸件。如果在 I-I 处分型，各孔的抽芯轴线均在分型面上，需要分别设置3处侧抽芯机构，加大了压铸模的复杂程度。若采用在Ⅱ-Ⅱ处分型，只需设置一个斜抽芯机构即可。

图5-9（b）中，ϕ_1 和 ϕ_2 有同轴度要求。如果按Ⅰ-Ⅰ分型，ϕ_1 和 ϕ_2 的成孔型芯则分别放置在动模和定模上，很难保证 ϕ_1 和 ϕ_2 的同轴度要求，况且压铸件均含在动模内，对动模的包紧力大，给脱模带来困难。采用Ⅱ-Ⅱ的阶梯分型面，使 ϕ_1 和 ϕ_2 的成孔型芯都安置在动模一侧，可保证 ϕ_1 和 ϕ_2 孔的同轴度。侧孔也安置在动模成形并抽芯，使模具简单化，同时减少了压铸件对动模的包紧力。

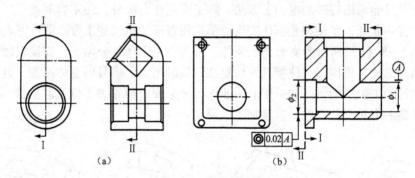

图5-9   简化模具结构

带有侧孔或侧凹凸的压铸件，在采用侧抽芯机构时，往往把侧抽芯的部位设在动模一侧，而尽量避免设置在定模一侧。如图5-10中的图（a）和图（b）的右图所示，它们分别将侧型芯设置在定模一侧。开模时，在侧型芯的阻力作用下，压铸件随定模一起脱离动模，并含在型腔内，不能顺利脱模。所以必须采用顺序分型脱模机构，使侧型芯与驱动元件作相对移动，并完成抽芯动作后，才能从主分型面分型，使压铸件留在动模型芯，并脱离型腔，使模具结构复杂。采用左图的形式，在动模一侧设置侧型芯，将驱动元件设置在定模，在主分型面分型时，即可开始抽芯，简化了模具结构。

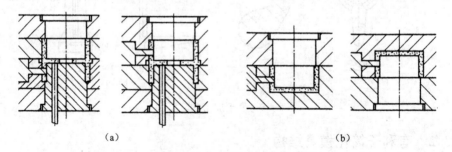

图5-10   侧抽芯尽量设置在动模

5.3.3 应容易保证压铸件的精度要求

分型面对压铸件某些部位的尺寸精度有直接影响。分型面选择得不合理，则会因制造误差或开模误差，使精度要求得不到保证。

如图5-11所示的压铸件，它们在某些部位都有精度要求。图5-11（a）中，孔A的轴线与内壁的距离L有精度要求。如选用Ⅰ-Ⅰ作为分型面，L的精度由成孔的侧型芯决定。由于侧型芯在移动时容易产生误差，影响了尺寸精度。这时，应选用Ⅱ-Ⅱ作为分型面，A孔由固定型芯成形，保证了尺寸精度的稳定性。

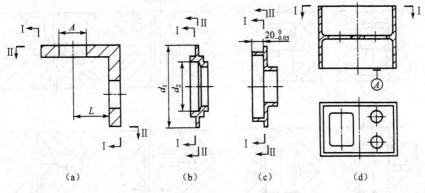

图5-11 保证压铸件精度要求

图5-11（b）所示的法兰类压铸件，外径d_1和内孔d_2有同轴度要求。分型面Ⅰ-Ⅰ使d_1和d_2的尺寸分别在定模和动模上成形。合模时引起的精度误差，使同轴度精度要求得不到保证。应选取d_1和d_2两尺寸都在同一模板内成形的Ⅱ-Ⅱ作为分型面。

为保证高度$20_{-0.05}^{\ 0}$的精度要求，图5-11（c）中选用Ⅰ-Ⅰ为分型面，克服了分型面Ⅱ-Ⅱ因合模误差而影响压铸件高度精度的缺陷。

在一般情况下，分型面应避免与机架的基准面重合。如图5-11（d）所示的压铸件，A面为机械加工的基准面。如果以A面为分型面，则会因模具合模的误差影响产生飞边、毛刺等现象，影响了基准面的尺寸精度。所以应选用Ⅰ-Ⅰ为分型面，使加工基准面保持较高的尺寸精度。

图5-12所示是保证压铸件精度的实例。图5-12（a）所示是要求壁厚均匀，内外同轴度要求较高的压铸件。若采用右图的直线分型面，内径和外径的同轴度只依赖于导向零件的配合精度。但由于模具的制造和装配总存在允许或不允许的误差，导致动、定模的偏移，使压铸件的同轴度得不到保证。如采用左图斜面定位的方法，则将不受模具移动精度的影响，稳定可靠地保证了压铸件壁厚和同轴度的精度要求。

图 5 – 12 （b）所示是铝合金齿轮。它的内孔 D 和齿轮分度圆直径 d 有较高的同轴度要求。在右图中，D 和 d 分别在定模和动模中成形。由于合模时的误差，很难保证同轴度要求。左图的结构，即 D 和 d 都在动模中成形，很容易满足同轴度精度要求。

图 5 – 12 （c）所示的压铸件的高度 h 有精度要求。右图的分型面会因为在合模或金属填充时，模具分型面的紧密程度影响 h 的精度。通过分型面的改变，在左图中，只要保证了型腔的深度要求，即可保证高度 h 的精度，与合模的误差因素无关。

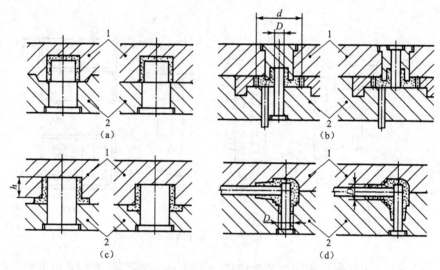

图 5 – 12   保证压铸件精度的实例
1—定模；2—动模

有局部精度要求的压铸件，采用瓣合成形，也往往由于制造和合模误差，保证不了它的精度。如图 5 – 12 （d）所示的压铸件，外径 D 处有精度要求。如采用右图的形式，将 D 处设置在主分型面上，采用瓣合成形的方式，由于受到制造和合模因素的影响，其圆柱度不能得到保证，精度要求也肯定满足不了需要，而且会在直径 D 的表面出现合模接痕。左图改变了压铸件的安放位置，在动模的型腔成形，保证了直径 D 的精度要求。

5.3.4   分型面应有利于填充成形

在选择分型面时，应结合金属液的流动特点，对浇注系统的布局，比如内浇口位置、导流方向、在什么部位设置溢流槽和排气道更有利于冷污金属液和气体的排出等一系列问题进行综合的分析和考虑。

为了有利于金属液的流动，在一般情况下，应将分型面设置在金属液流的终端，如图5 – 13所示。图 5 – 13 （a）右图的分型面，使 A 处形成盲区，容易聚集气体，出现压铸缺陷。左图的分型面设置在金属液流动的终端，使型腔中的气体有序地排出，有利于填充成形。

图 5-13（b）右图所示的形式虽然能起加固型腔的作用，但却堵塞了排气通道，使气体不能有效地排出。左图采取加设有不连续的若干个斜楔镶块，既加固了型腔，又不影响型腔的排气。

对于带爪形的压铸件，在选择分型面时，也应考虑浇注时排气的问题。图 5-13（c）中，分型面设在 I-I 处，它与金属液流的终端相重合，有充分的空间开设溢流槽和排气道，除满足溢流和排气的功能外，还提高了爪端部位的模具温度，有利于金属液的填充，保证了压铸件爪端的质量。II-II 分型面填充条件较差，而且增加了模具制作的难度。

图 5-13（d）所示为长管状压铸件，可采用 I-I 作为分型面设置环形内浇口和环形溢流槽。虽然增加了侧抽芯机构，但比 II-II 分型面更能满足压铸工艺要求。

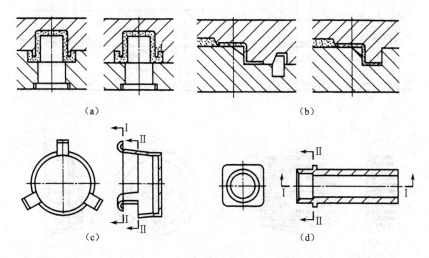

图 5-13 分型面应有利于填充成形

5.3.5 开模时应尽量使压铸件留在动模一侧

压铸机的顶出机构均设在动模一侧，所以除特殊情况外，开模时，应使压铸件留在动模一侧，以便于推出脱模。因此，在选择分型面时，应分析和比较定模和动模所设置的成形零件各自受到的压铸件包紧力的大小，将包紧力较大的一端设置在动模部分，在开模时，才能使压铸件留在动模一侧。

图 5-14 所示是压铸件的留模方式。由于压铸件的收缩对型芯的包紧力大于对型腔的包紧力，所以图 5-14（a）右图所示的形式在开模时，压铸件包紧型芯，并随之一起脱离动模型腔，无法使压铸件从定模型芯中脱出。左图的设置使

压铸件包紧型芯，开模时，脱离型腔而留在动模一侧，在推出机构的作用下，将压铸件推出。

对于图 5 - 14（b）所示的结构形式，如果型腔的结构比较简单，型腔受到的包紧力小于成孔型芯受到的包紧力，可采用右图的设置形式，使压铸件留在动模；但当型腔的形状复杂，它受到的包紧力较大，压铸件是否留在动模无法确定时，应采用左图的形式，将型腔、型芯都置于动模一侧。

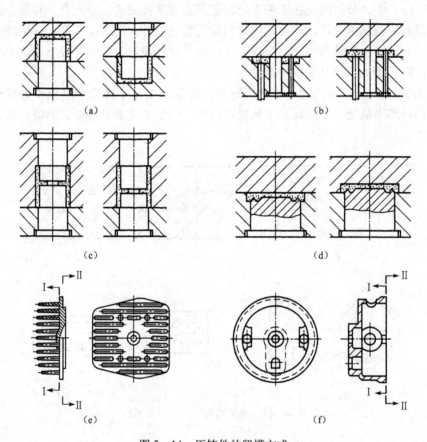

图 5 - 14   压铸件的留模方式

图 5 - 14（c）所示是压铸件两端都设置型芯的情形。这时就应分析和比较压铸件对两端型芯包紧力的大小。当型芯的脱模斜度相同时，较长的型芯所受到的包紧力较大，右图将较长的型芯设置在定模一侧，可能使压铸件随定模移动而脱离动模型芯。左图改变了压铸件安放的方向，增加了动模的包紧力。但由于型腔设在定模，因此，应该加大定模型腔和型芯的脱模斜度和减小动模型芯的脱模斜度，才能使压铸件留在动模一侧。

图 5 - 14（d）所示是平面上有三角槽的压铸件。由于三角槽型芯的斜度很大，右图的分型形式不能形成对型芯的包紧力，所以，在分型时不能使压铸件留

在动模一侧。左图将型芯和型腔全部设在动模内，压铸件不会黏附在定模上，同时还可避免金属液直接冲击型芯的尖角部位，有利于型腔的填充和延长模具寿命。

图 5 - 14（e）所示是带散热片的压铸件。由于多个散热片在收缩时产生相当大的包紧力，所以选择 Ⅰ - Ⅰ 作为分型面，以便在开模时使压铸件留在动模。

图 5 - 14（f）所示的压铸件，型芯所受到的包紧力大，从这个角度考虑，应采用 Ⅱ - Ⅱ 作为分型面，但是压铸件的侧孔必须采用定模侧抽芯机构，这使模具结构复杂。如果采用 Ⅰ - Ⅰ 作为分型面，借助侧型芯对压铸件的阻碍力作用抵消压铸件对型芯的包紧力，使压铸件在开模时留在动模，同时采用动模抽芯机构，简化了模具结构。

总之，为保证压铸件在开模时留在动模，在选择分型面时，衡量包紧力的大小，除考虑包紧表面积、型芯长度、脱模斜度外，还应对压铸件的形状以及抽芯机构进行综合考虑。

5.3.6 应考虑压铸成形的协调

（1）在侧抽芯的结构组合中，如果有条件可以选择的话，应尽量选择抽芯长度较短的一侧抽芯，也就是选择抽芯力较小的部位抽芯。如图 5 - 15（a）所示的压铸件，从右图改成左图的安放形式，抽芯距离缩短了很多。缩短抽芯距离有两点好处，一是减小了抽芯力；二是缩小了模具的运作空间，使模体变小。

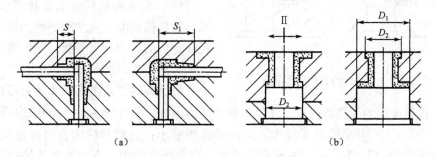

图 5 - 15　选用较短的抽芯距离

图 5 - 15（b）所示也是由于压铸件摆放位置的改变，使抽芯距离变小的实例。在右图中，决定抽芯距离的尺寸是 D_1，所以必须加大侧抽芯距离才能将大端直径 D_1 取出。采用左图的形式，决定抽芯距离的尺寸是 D_2，由于 $D_2 < D_1$，所以这种形式可缩短抽芯距离。

（2）侧型芯的分型形式对侧型芯所需的锁紧力影响很大。如图 5 - 16 所示，在图（a）中的右图中，侧分型面设在 Ⅰ 处，侧型芯的端部直接与成形区域接触，成为压铸成形的一部分，金属液在填充时，侧型芯较大的侧面积受到压射力的压力冲击，因此需要很大的锁模力，同时，在压铸件表面会出现合模接痕。当侧分型面面积较大时，应采用左图的结构形式，将侧分型面设在Ⅱ处，这时，只有侧成孔型芯接触成形部位，况且又紧密地碰合在主型芯侧面，所以受到的压射反压力很小。

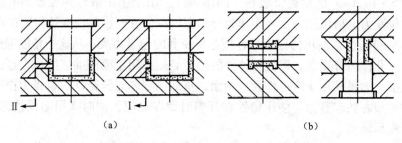

图 5-16   侧抽芯形式对锁模力的影响

图 5-16（b）所示也是从锁模力的大小考虑改变压铸件摆放位置的实例。右图中，瓣合型腔受力较大；左图中，只有压铸件侧端面上很小的侧面积上受到较小的压射压力，其锁紧力也相对较小。

这些情况对一般的场合没有显著影响，但在侧型芯受到的压射冲击力很大或接近极限的情况下，注意这些常被忽略的细节，对侧分型面的位置略加改动，则是十分必要的。

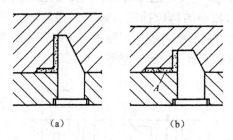

图 5-17   压铸机的临界状况

（3）与压铸机的技术参数相协调。在设计压铸模时，应使压铸模的结构满足压铸机的各项技术参数。其中重要的一项是压铸件的投影面积。在图 5-17中，当压铸件的投影面积 A 接近压铸机最大投影面积的临界状况时，压铸机的锁模力也处于临界状态，这时压铸件应按图 5-17（a）所示的形式放置，使投影面积变小；当模具的闭合高度过大时，可采用图 5-17（b）所示的形式。因此，在设计实践中，应根据具体情况灵活运用。

5.3.7   嵌件和活动型芯应便于安装

带嵌件或需要设置活动型芯的压铸模往往由于安装速度影响了压铸效率。为此，选择方便快捷的安装部位是设计嵌件的重要内容。如图 5-18 所示，图（a）所示的压铸件两端设有嵌件。为了安装方便，将分型面设在嵌件的轴心处。合模前，将嵌件装在分型面上，定位后合模。开模时，嵌件随压铸件推出。

图 5-18（b）所示是带活动型芯的压铸模。对于右图的形式，压铸件对动模型芯的包紧力较小，开模时，压铸件会随定模型腔脱离动模。对于左图的形

式，增加压铸件转向设置，加大了对动模的包紧力，使压铸件留在动模而便于脱模。

图5-18（c）所示是在安放活动型芯时，避免推出机构设置预复位的实例。右图采用用推杆将活动型芯推出的结构形式。这种结构虽然简单，但在合模前，必须设置预复位机构，带动推杆先行后退，留出安放活动型芯的空间，方可安装，使模具结构复杂化。左图的形式则将活动型芯安置在定模一侧，或使推杆移位，不与活动型芯产生干扰，就可以避免设置推出机构预复位的繁琐结构。

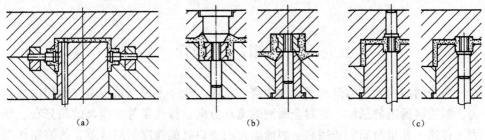

(a)　　　　　　　　(b)　　　　　　　　(c)

图5-18　活动型芯的安放位置

第6章 压铸模浇注系统及排溢系统设计

❋ 6.1 浇注系统设计 ❋

将金属液引入到型腔的通道称为浇注系统。浇注系统是从压室开始到内浇口为止的进料通道的总称，它对金属液的流动方向、排气条件、模具的热分布、压力的传递、充填时间的长短和金属液通过内浇口处的速度等起着重要的控制作用和调节作用。因此，浇注系统是决定充填状况的重要因素，也是决定压铸件内部质量的重要因素。同时，浇注系统对生产效率、模具寿命、压铸件清理都有很大影响。只有在浇注系统确定后才能确定压铸模的总体结构。设计合理的浇注系统是压铸模设计工作中的重要环节。

6.1.1 浇注系统的结构和分类

（1）浇注系统的结构。浇注系统主要由直浇道、横浇道、内浇口和余料组成。压铸机的类型不同，浇注系统就有所不同。各种类型压铸机所采用的浇注系统的结构如图6-1所示。

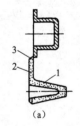 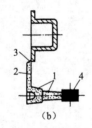 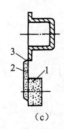 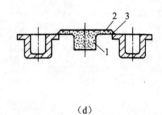

　　（a）　　　　　　（b）　　　　　　（c）　　　　　　（d）

图6-1 浇注系统的结构

（a）热室压铸机用浇注系统；（b）立式压铸机用浇注系统；

（c）卧式压铸机用浇注系统；（d）全立式压铸机用浇注系统

1—直浇道；2—横浇道；3—内浇口；4—余料

（2）浇注系统的分类。各种类型的浇注系统适应不同结构铸件的需要。浇注系统的分类如表6-1和图6-2所示。

表 6 – 1　浇注系统的分类

类　型		特　　点
按金属液导入方向分类	切向浇口	适用于中小型环形铸件
	径向浇口	适用于不宜开设顶浇口或点浇口的杯形铸件
按浇口位置分类	中心浇口	铸件平面上带有孔时，浇口开在孔上，同时在孔处设置分流锥；金属液从型腔中心部位导入，流程短；模具结构紧凑；铸件和浇注系统、溢流系统在模具分型面上的投影面积小，可改善压铸机的受力状况；用于卧式压铸机时，压铸模要增加辅助分型面；浇注系统金属消耗量较少
	顶浇口	是中心浇口的特殊形式；铸件顶部没有孔，不能设置分流锥，内浇口截面积较大；压铸件与直浇道连接处形成热节，易产生缩孔；浇口需要切除
	侧浇口	适应性强，可按铸件结构特点布置在铸件外侧面；铸件内孔有足够位置时，可布置在内侧面，使模具结构紧凑，又可保持模具热平衡；去除浇口较方便
按浇口形状分类	环形浇口	金属液沿型壁充填型腔，避免正面冲击型芯，排气条件良好；在环形浇口和溢流槽处可设推杆，使压铸件上不留推杆痕迹；增加浇注系统金属消耗量；浇口需要切除
	缝隙浇口	内浇口设置在型腔深处，成长条缝隙顺序充填，排气条件较好
	点浇口	作为中心浇口和顶浇口的一种特殊形式；金属液由铸件顶部充填型腔，流程短；改善压铸机受力状况，提高压铸模有效面积的利用；金属液导入型腔处受金属液直接冲击，容易产生飞溅和粘模现象；模具结构较复杂；常用于外形对称的薄壁压铸件
按横浇道过渡区形式分类	扇形浇道系统	适用于要求内浇口较窄的压铸件；浇口中心部位的流量较大；浇口宽度（W）不宜大于扇形浇道长度（L）；充型时形成由中心到外侧 0°~45°变化的流向角
	锥形切线浇道系统	适用于内浇口较宽的压铸件；在整个内浇口宽度上金属液的流向角变化很小，金属液的流动方向可控；可以最大限度地减小金属液的流程，有利于薄壁压铸件的生产；加工较复杂

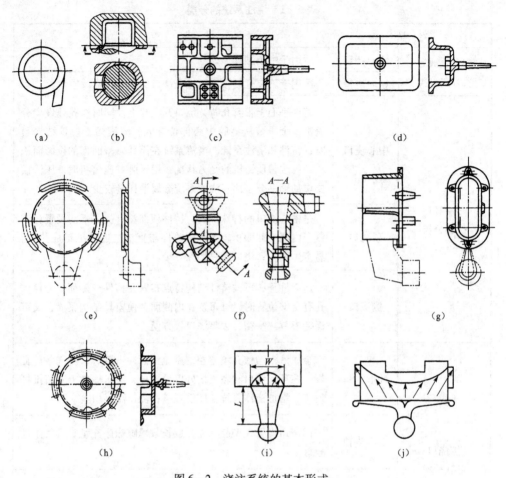

图 6-2 浇注系统的基本形式

（a）切向浇口；（b）径向浇口；（c）中心浇口；（d）顶浇口；（e）侧浇口；

（f）环形浇口；（g）缝隙浇口；（h）点浇口；（i）扇形浇道系统；（j）锥形切线浇道系统

6.1.2 浇注系统各组成部分的设计

1. 内浇口设计

内浇口是指横浇道到型腔的一段浇道，其作用是使横浇道输送出来的低速金属液加速并形成理想的流态而顺序地充填型腔，它直接影响金属液的充填形式和铸件质量，因此是一个主要浇道。

（1）内浇口的设计要点。设计内浇口时，主要是确定内浇口的位置和方向，并预计合金充填过程的流态、可能出现的死角区和裹气部位，以便设置适当的溢流和排气系统。在设计合理的横浇道和直浇道结构形式和尺寸后，就构成完整的浇注系统。内浇口的设计要点如下。

① 从内浇口进入型腔的金属液应首先充填深腔处难以排气的部位，然后充填其他部位，并应注意不要过早地封闭分型面和排气槽，以便型腔中的气体能够顺利排除。

② 金属液进入型腔后，不正面冲击型壁和型态，力求减少动能损耗，避免因冲击而受侵蚀发生粘模现象，致使该处过早损坏。

③ 应尽可能采用单个内浇口而少用分支浇口（大型铸件、箱体和框架类以及结构形状特殊的铸件除外），以避免多路金属液汇流互相撞击，形成涡流，产生裹气和氧化物夹杂等缺陷。对有加强肋的铸件，应使内浇口导入金属液的流向与加强肋方向一致。

④ 形状复杂的薄壁铸件应采用较薄的内浇口，以保证有足够的充填速度。对一般结构形状的铸件，为保证最终静压力的传递作用，应采用较厚的内浇口，并设在铸件的厚处。

⑤ 内浇口设置位置应使金属液充填压铸模型腔各部分时流程最短，流向改变少，以减少充填过程中能量的损耗和温度降低。

（2）内浇口的分类。内浇口的分类如表 6 - 2 所示。

表 6 - 2　内浇口的分类

	顶浇口（铸件顶部无孔）		扇梯形
按导入口位置分类	中心浇口（铸件顶部有孔）		长梯形
	侧浇口		环形
	切线	按导入口形状分类	半环形
按导入口方向分类	割线		缝隙形（缝隙浇口）
	径向		圆点形（点浇口）
	轴向		压边浇口

（3）内浇口的尺寸确定。内浇口最合理的截面积计算涉及多方面的因素，目前尚无切实可行的精确计算方法。在生产实践中，主要结合具体条件按经验选用，常用的经验公式为

$$A_g = \frac{G}{\rho v_g t} \tag{6-1}$$

式中　A_g——内浇口截面积，m^2；

　　　G——通过内浇口的金属液质量，kg；

　　　ρ——液态金属的密度，$kg \cdot m^{-3}$；

　　　v_g——充填速度，m/s；

　　　t——型腔的充填时间，s。

内浇口的厚度对金属液的充型影响较大。一般情况下，当铸件较薄并要求外

观轮廓清晰时，内浇口厚度要求较薄。但内浇口过薄，金属液喷射严重，甚至会堵塞排气通道，使铸件表面出现麻点和气孔，在压铸铝合金、铜合金时粘模严重。当铸件表面质量要求高、组织要求致密时可采用较厚的内浇口，但内浇口太厚，充填速度过低而降温大，可能导致铸件轮廓不清，切除内浇口也麻烦。内浇口厚度的经验数据如表6-3所示。

表6-3　内浇口厚度的经验数据　　　　　　mm

铸件壁厚	0.6～1.5		1.5～3		3～6		>6
合金种类	复杂件	简单件	复杂件	简单件	复杂件	简单件	与铸件壁厚之比 %
	内浇口厚度						
锌合金	0.4～0.8	0.4～1.0	0.6～1.2	0.8～1.5	1.0～2.0	1.5～2.0	20～40
铝合金	0.6～1.0	0.6～1.2	0.8～1.5	1.0～1.8	1.5～2.5	1.8～3.0	40～60
镁合金	0.6～1.0	0.6～1.2	0.8～1.5	1.0～1.8	1.5～3.0	1.8～3.0	40～60
铜合金		0.8～1.2	1.0～1.8	1.0～2.0	1.8～3.0	2.0～4.0	40～60

　　内浇口宽度也应适当选取，宽度太大或太小会使金属液直冲浇口对面的型壁，产生涡流，将空气和杂质包住而产生废品。

　　内浇口的长短直接影响铸件质量，内浇口太长，影响压力传递，降温大，铸件表面易形成冷隔花纹等。内浇口太短，进口处温度容易升高，加快内浇口磨损，且易产生喷射现象。

　　内浇口宽度和长度的经验数据如表6-4所示。

表6-4　内浇口宽度和长度的经验数据

内浇口进口部位铸件形状	内浇口宽度	内浇口长度/mm	说　明
矩形板件	铸件边长的0.6～0.8倍	2～3	指从铸件中轴线侧向注入，离轴线一侧的端浇口或点浇口则不受此限
圆形板件	铸件外径的0.4～0.6倍		内浇口以割线注入
圆环件、圆筒件	铸件外径和内径的0.25～0.3倍		内浇口以切线注入
方框件	铸件边长的0.6～0.8倍		内浇口从侧壁注入

2. 直浇道设计

　　直浇道是传递压力的首要部位。在立式压铸机和热室压铸机上，直浇道是指从浇口套起到横浇道为止的一段浇道。其尺寸可以影响金属液的流动速度、充填时间、气体的储存空间和压力损失的大小，起着能否将金属液平稳引入横浇道和控制金属液充填条件的作用。

（1）立式冷压室压铸机直浇道。立式压铸机直浇道主要由压铸机上的喷嘴和模具上的浇口套组成，图6-3所示为立式压铸机用直浇道的结构。

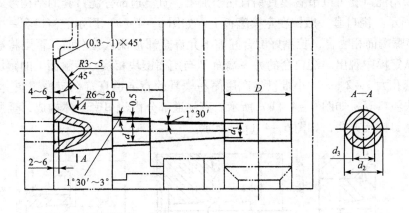

图6-3　立式压铸机用直浇道结构

D—余料直径；d—喷嘴出口处直浇道直径（浇口套导入口直浇道直径）；d_1—喷嘴导入口小端直径；
d_2—直浇道底部环形截面外径；d_3—直浇道底部分流锥直径

立式压铸机用直浇道的设计要点如下。

① 根据浇注系统内浇口截面积，选择喷嘴导入口直径。喷嘴导入口小端截面积一般为内浇口截面积的1.2~1.4倍。可按下式计算喷嘴导入口小端直径

$$d_1 = 2\sqrt{\frac{(1.2 \sim 1.4)A_g}{\pi}} \qquad (6-2)$$

式中　d_1——喷嘴导入口小端直径，mm；

　　　A_g——内浇口截面积，mm^2。

② 位于浇口套部分的直浇道的直径应比喷嘴部分直浇道的直径每边放大0.5~1 mm。

③ 喷嘴部分的脱膜斜度取1°30′，浇口套的脱模斜度取1°30′~3°。

④ 分流锥处环形通道的截面积一般为喷嘴导入口的1.2倍左右，直浇道底部分流锥的直径一般情况下可按下式计算

$$d_3 = \sqrt{d_2^2 - (1.1 \sim 1.3)d_1^2} \qquad (6-3)$$

式中　d_3——直浇道底部分流锥直径，mm；

　　　d_2——直浇道底部环形截面处的外径，mm；

　　　d_1——直浇道小端（喷嘴导入口处）直径，mm。

要求

$$\frac{d_2 - d_3}{2} \geqslant 3 \text{ mm} \tag{6-4}$$

⑤ 直浇道与横浇道连接处要求圆滑过渡，其圆角半径一般取 $R5 \sim 20$ mm，以使金属液流动顺畅。

采用浇口套可以节省模具钢且便于加工。直浇道部分浇口套的结构形式如图 6-4 所示。浇口套一般镶在定模座板上，如图 6-4（a）所示。浇口套一个端面 A 与喷嘴端面相吻合，控制好配合间隙不允许金属液流入接合面，否则将影响直浇道从定模中脱出。浇口套的另一端面 B 与定模镶块相接，接触面上的镶块孔比浇口套孔大 $1 \sim 2$ mm。小批量生产用简易模具的直浇道直接在定模镶块上加工，以省去浇口套，如图 6-4（b）所示。直浇道部分由浇口套一体构成，金属液流动顺畅，拆装方便，如图 6-4（c）所示。

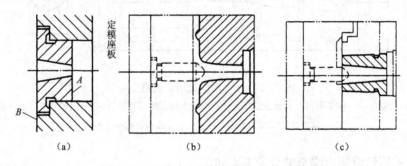

（a）　　　　　　　（b）　　　　　　　（c）

图 6-4　立式冷室压铸机用浇口套示意图

分流锥起分流金属液和带出直浇道的作用。分流锥单独加工后装在镶块内，不允许在模具镶块上直接做出，如图 6-5 所示。圆锥形分流锥的导向效果好、结构简单、使用寿命长，因此应用较为广泛。对直径较大的分流锥，可在中心设置推杆，如图 6-6 所示。推杆的导向效果好，能平稳推出直浇道，其间隙有利于排气。

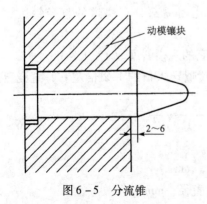

图 6-5　分流锥

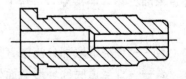

图 6-6　中心设置推杆的分流锥

（2）卧式冷压室压铸机直浇道。卧式压铸机的压铸件的浇注系统上可以说没有直浇道，或者说直浇道与压室内腔合并为一体。其结构如图6-7所示，它由压铸机上的压室和压铸模上的浇口套组成，在直浇道上的这一段称为余料，其设计要点如下。

① 根据所需压射比压和压室充满度选定压室和浇口套的内径 D。

② 浇口套的长度一般应小于压铸机压射冲头的跟踪距离，以便余料从压室中脱出。

③ 横浇道入口应开设在压室上部内径2/3以上部位，避免金属液在重力作用下进入横浇道而提前开始凝固。

④ 分流器上形成余料的凹腔的深度等于横浇道的深度，直径与浇口套相等，沿圆周的脱模斜度约为5°。

⑤ 有时将压室和浇口套制成一体，形成整体式压室。整体式压室内孔精度好，压射时阻力小，但加工较复杂，通用性差。

⑥ 采用深导入式直浇道（见图6-8）可以提高压室的充满度，减小深型腔压铸模的体积，当使用整体式压室时，有利于采用标准压室或现有的压室。

⑦ 压室和浇口套的内孔应在热处理和精磨后，再沿轴线方向进行研磨，其表面粗糙度不大于 $Ra0.2\mu m$。

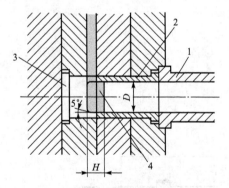

图6-7 卧式冷室压铸机用直浇道
1—压室；2—浇口套；3—分流器；4—余料

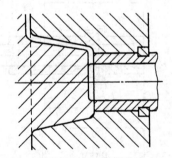

图6-8 深导入式直浇道结构示意

直浇道部分浇口套的结构形式如图6-9所示。图6-9（a）所示的结构装拆方便，压室同浇口套同轴度偏差较大。图6-9（b）所示的结构装拆方便，压室同浇口套同轴度偏差较小，但浇口套耗料较多。图6-9（c）所示的结构装拆不便，压室同浇口套同轴度偏差较大。图6-9（d）所示的结构浇口套通冷却水，模具热平衡好，有利于提高生产率。图6-9（e）所示为采用整体压室时点浇口的浇口套。图6-9（f）所示为卧式冷压室压铸机采用中心浇口的浇口套。

压室和浇口套的连接方式如图6-10所示。图6-10（a）所示为压室和浇口套分别制造，为防止加工误差影响同轴度，导致冲头不能正常运行，可适用放大浇口套的内径。图6-10（b）所示为压室和浇口套制成整体，内孔精度容易保证，但伸入定模套板段的长度不能调节。

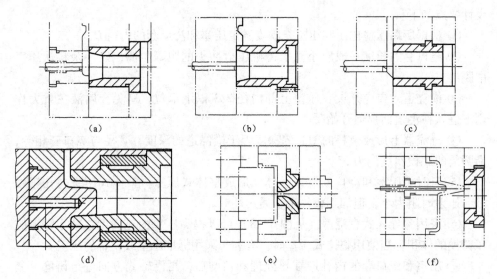

（a）　　　　　　　　　　（b）　　　　　　　　　　（c）

（d）　　　　　　　　　　（e）　　　　　　　　　　（f）

图6-9　浇口套的结构形式

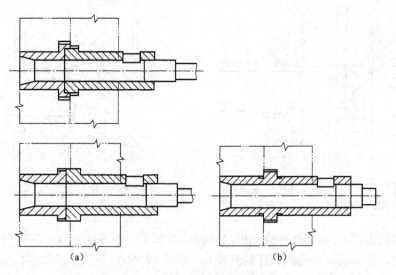

（a）　　　　　　　　　　　　　　　（b）

图6-10　压室和浇口套的连接方式
（a）连接式压室；（b）整体式压室

（3）热室压铸机用直浇道。图6-11所示为热室压铸机用直浇道的结构，它一般由压铸机上的喷嘴和压铸模上的浇口套、分流锥组成。

热室压铸机用直浇道的设计要点如下。

① 根据铸件的结构和质（重）量等要求选择压铸机压室的尺寸。

② 根据内浇口截面积选择喷嘴出口小端直径 d_0。一般喷嘴出口处小端的面积为内浇口截面积的 1.1～1.2 倍。

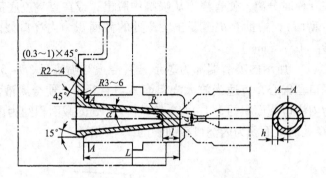

图 6-11　热室压铸机用直浇道

③ 直浇道中心一般设置分流锥，以调整直浇道的截面积，改变金属液的流向，便于从定模带出直浇道。

④ 直浇道的单边斜度一般取 2°～6°，浇口套内孔表面粗糙度不大于 $Ra0.2~\mu m$。

⑤ 为适应高效率热室压铸机生产的需要，在浇口套和分流锥内部应设置冷却系统（见图 6-12）。

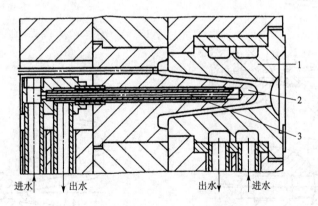

图 6-12　在分流锥和浇口套中设置冷却水道
1—浇道套；2—分流锥；3—冷却水套

直浇道部分的典型结构形式如图 6-13 所示。图 6-13（a）中的喷嘴与浇口套同轴，分流锥与浇口套斜度相同，直浇道截面积朝底部方向逐渐增大，易卷入气体，设计和制造较简单。B 处的截面积为内浇口截面积的 1.1～1.2 倍。$D-E$ 处的截面积约为内浇口截面积的 2 倍，$F-G$ 处的截面积为内浇口截面积的

$3 \sim 4$ 倍，$C = B_1 + 1$ （mm），$\alpha = 4° \sim 6°$。

图 $6-13$ （b）所示为无分流锥式直浇道，结构简单，用于小型模具。为避免直浇道从定模中脱出发生困难，可采用喷嘴分离式压铸工艺，即每次压射后喷嘴与浇口套在开模时分离，使直浇道从喷嘴中脱出；或在直浇道底部设置较短的顶杆（低于分型面），帮助直浇道脱出。B 处的截面积为内浇口截面积的 $1.1 \sim 1.2$ 倍，$C = B_1 + 0.7$ （mm）。

图 $6-13$ （c）所示的喷嘴端部为球形，直浇道与喷嘴呈 $3° \sim 5°$ 交角，造成喷嘴出口与浇口套偏心，应适当放大浇口套入口直径 C，使金属液流动顺畅。B 处的截面积为内浇口截面积的 $1.1 \sim 1.2$ 倍，$D - E$ 处的截面积约为内浇口截面积的 2 倍，$F - G$ 处的截面积为内浇口截面积的 $3 \sim 4$ 倍。

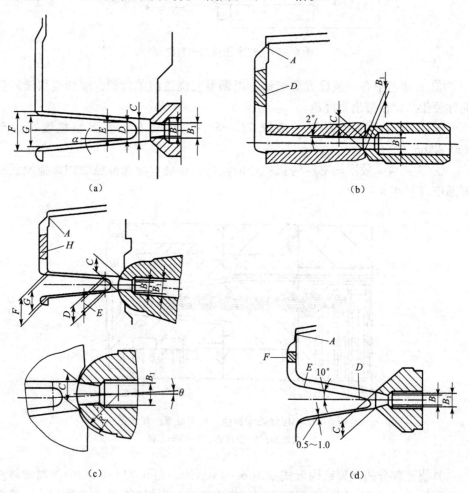

图 $6-13$ 直浇道部分的典型结构形式

图 $6-13$ （d）所示为在分流锥上开出一个或数个金属液通道，形成通道式直浇道。在合模状态，分流锥和直浇道之间留有 0.5～1 mm 的间隙，以容纳从喷嘴上掉下的金属液及其他杂物。浇口套的长度较短，而脱模斜度较大，一般为 10°以上，在分流锥上开出的通道截面积之和应小于喷嘴口截面积。通道式直浇道金属液流动阻力小，不易卷入气体。B 处的截面积 $>$ 内浇口截面积的 1.4 倍，D 处的截面积 $\leqslant B$ 处的截面积，E 处的截面积 $< D$ 处的截面积，$C = B_1 + 1$（mm）。

3. 横浇道设计

横浇道是直浇道的末端到内浇口前端的连接通道，它的作用是将金属液从直浇道引入内浇口，并可以借助横浇道中的大体积金属液来预热模具，当铸件冷却收缩时用来补缩和传递静压力。有时横浇道可划分为主横浇道和过渡横浇道（见图 6 - 14）。

横浇道的结构形式和尺寸取决于内浇口的结构、位置、方向和流入的宽度，而这些因素常根据压铸件的形状、结构、大小，浇注位置和型腔个数来确定。横浇道的设计要点如下。

（1）横浇道的截面积应从直浇道到内浇口保持均匀或逐渐缩小，不允许有突然的扩大或缩小现象，以免产生涡流。对于扩张式横浇道，其入口处与出口处的比值一般不超过 1:1.5，对于内浇口宽度较大的铸件，可超过此值。圆弧形状的横浇道可以减少金属液的流动阻力，但截面积应逐渐缩小，防止涡流裹气。圆弧形横浇道出口处的截面积应比入口处减小 10%～30%。

（2）横浇道应平直或略有反向斜角，如图 6 - 15 所示。而不应该设计成曲线，如图 6 - 16（a）、（b）所示，以免产生包气或流态不稳。

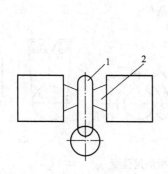

图 6 - 14 主横浇道和过渡横浇道
1—主横浇道；2—过渡横浇道

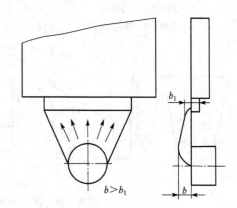

图 6 - 15 开放式横浇道

（3）对于小而薄的铸件，可利用横浇道或扩展横浇道的方法来使模具达到热平衡，容纳冷污金属液、涂料残渣和气体，即开设盲浇道，如图 6 - 17 所示。

（4）横浇道应具有一定的厚度和长度，若横浇道过薄，则热量损失大；若过厚，则冷却速度缓慢，影响生产率，增大金属消耗。保持一定长度的目的主要是对金属液起到稳流和导向的作用。

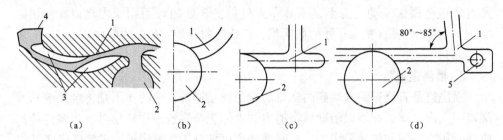

图6-16　横浇道形状

（a）不合理；（b）不合理；（c）合理；（d）合理

1—横浇道；2—余料；3—包住气体；4—型腔；5—推杆

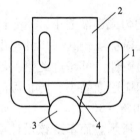

图6-17　盲浇道的设置

1—盲浇道；2—铸件；

3—余料；4—横浇道

（5）横浇道截面积在任何情况下都不应小于内浇口截面积。多腔压铸模主横浇道截面积应大于各分支横浇道截面积之和。

（6）对于卧式压铸机，一般情况下工作时，横浇道在模具中应处于直浇道（余料）的正上方或侧上方，多型腔模也应如此，以保证金属液在压射前不过早流入横浇道，如图6-18所示。根据压铸机的结构特点，其他压铸机则无此要求。

（7）对于多型腔的情况，有时将横浇道末端延伸，布置溢流槽，以利于排除冷料和残渣，且有利于改善排气条件。

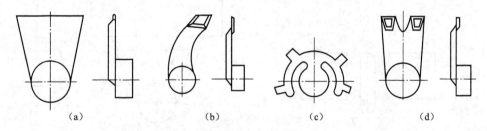

图6-18　卧式冷室压铸机横浇道位置

（a）扩张式；（b）圆弧收缩式；（c）多道式；（d）扩张分支式

横浇道的截面形状根据压铸件的结构特点而定，一般以扁梯形为主，特殊情况下采用双扁梯形、长梯形、窄梯形、圆形或半圆形。通常，横浇道的截面尺寸可按表6-5进行选择。

表 6 – 5   横浇道尺寸的选择

截面形状	计 算 公 式	说 明
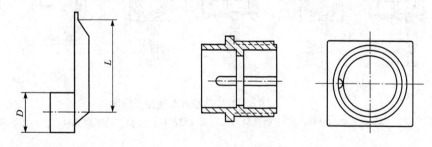	$A_r = (3 \sim 4)\, A_g$（冷室压铸机） $A_r = (2 \sim 3)\, A_g$（热室压铸机） $D = (5 \sim 8)\, T$（卧式压铸机） $D = (8 \sim 10)\, T$（立式压铸机） $D = (8 \sim 10)\, T$（热室压铸机） $\alpha = 10° \sim 15°$ $W = D \tan\alpha + A_r / D$ $r = 2 \sim 3$	A_g——内浇口截面积，mm^2 A_r——横浇道截面积，mm^2 D——横浇道深度，mm T——内浇口厚度，mm α——脱模斜度，° r——圆角半径，mm W——横浇道宽度，mm

横浇道的长度（见图 6 – 19）可按下式计算

$$L = 0.5D + (25 \sim 35)\,(\text{mm}) \tag{6 – 5}$$

式中 L——横浇道长度，mm；

　　　 D——直浇道导入口处直径，mm。

横浇道的长度 L 一般取 $30 \sim 40$ mm，L 过大消耗压力，降低金属液温度，影响铸件成形并容易产生缩松。L 过小则金属液流动不畅，在转折处容易产生飞溅，导致铸件内部形成硬质点。

6.1.3   浇注系统设计举例分析

图 6 – 20 所示为凸缘外套的铸件图。该铸件带有法兰圆筒，有铸出的外螺纹，壁厚为 $2 \sim 4$ mm，要求有较高的同轴度和圆柱度，材料为 ZL401 铝锌合金。

图 6 – 19   横浇道长度计算图　　　　图 6 – 20   凸缘外套铸件图

根据凸缘外套的工艺特点，有 5 种浇注系统设计方案（见图 6 – 21）。

（1）采用中心浇口（见图 6 – 21（a））。金属液从圆筒内孔中段注入，分型面位置在方形法兰处。该方案能保证较高的同轴度，但排气困难，螺纹成形不好，脱模困难，影响生产，除去浇口不便。

（2）采用平直侧浇口（见图 6 – 21（b））。金属液从方形法兰外侧平直注入，分型面不在螺纹上，也能获得较高的同轴度，去除浇口方便，但排气困难，螺纹成形不好，脱模困难，影响生产效率，故很少采用。

（3）采用切线侧浇口（见图6-21（c））。金属液从侧面切线注入，两端设置溢流槽，充填排气条件较好，螺纹部分位于分型面上，易导致圆度偏差大，且有飞边。此外，除去浇口后，断口处有少量缩孔、气孔，金属流汇合处也有少量流痕，此设计方案在一般要求不高的情况下尚可采用。

（4）采用切线缝隙浇口（见图6-21（d））。金属液从法兰外成切线注入，两端设置溢流槽和排气槽，充填条件良好，表面光洁，螺纹清晰，成形良好，除去浇口方便，但螺纹部位仍位于分型面上，容易产生飞边，可通过工艺措施来予以保证。

（5）采用环形浇口（见图6-21（e））。金属液从一端成环形注入，另一端设置溢流槽。排气条件尚好，螺纹较为清晰，但方形法兰四周局部充填不良，螺纹位于分型面上，容易产生飞边，影响同轴度和圆柱度，浇口需要切除，此方案在一般情况下尚可采用。

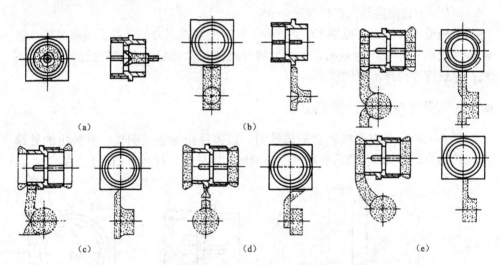

图6-21　凸缘外套浇注系统图

（a）中心浇口；（b）平直侧浇口；（c）切线侧浇口；（d）切线缝隙浇口；（e）环形浇口

※　6.2　排溢系统设计　※

排溢系统和浇注系统在整个型腔充填过程中是一个不可分割的整体。排溢系统由溢流槽和排气槽两大部分组成，如图6-22所示。

溢流槽与排气槽能使金属液在充填铸型的过程中及时地排出型腔中的气体、气体夹杂物、涂料残渣及冷污金属等，以保证铸件质量、消除某些压铸件的缺陷。其效果取决于溢流槽和排气槽在型腔周围或局部地区的布局、位置和数量的分配、尺寸、容量的大小以及本身的结构形式等。溢流槽和排气槽还可以弥补由浇注系统设计不合理而带来的缺陷。

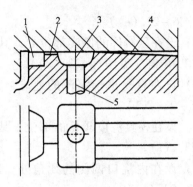

图 6 - 22　排溢系统的组成
1—型腔；2—溢流口；3—溢流槽；
4—排气槽；5—推杆

6.2.1　溢流槽设计

溢流槽除了可接纳型腔中的气体、气体夹杂物及冷污金属外，还可调节型腔局部温度、改善充填条件以及必要时作为工艺搭子顶出铸件。

1. 溢流槽的设计要点

一般溢流槽设置在分型面上、型腔内、防止金属倒流的位置。溢流槽的设计要点如图6 - 23所示。

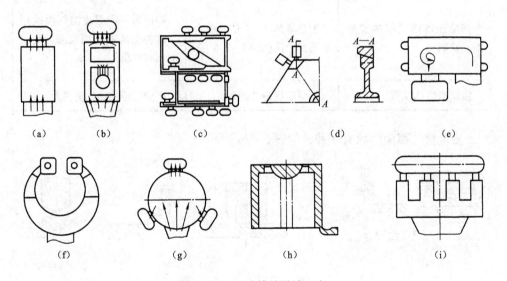

图 6 - 23　溢流槽的设计要点

（1）设在金属流最初冲击的地方，以排除端部进入型腔的冷凝金属流。容积比该冷凝金属流稍大一些（见图 6 - 23（a））。

（2）设在两股金属流汇合的地方，以消除压铸件的冷隔。容积相当于出现冷隔范围部位的金属容积（见图 6 - 23（b））。

（3）布置在型腔周围，其容积应足够排除混有气体的金属液及型腔中的气体（见图6-23（c））。

（4）设在压铸件的厚实部位处，其容积相当于热节或出现缩孔缺陷部位的容积的2~3倍（见图6-23（d））。

（5）设在容易出现涡流的地方，其容积相当于产生涡流部分的型腔容积（见图6-23（e））。

（6）设在模具温度较低的部位，其容积大小以改善模具温度分布为宜（见图6-23（f））。

（7）设在内浇口两侧的死角处，其容积相当于出现压铸件缺陷处的容积（见图6-23（g））。

（8）设在排气不畅的部位，设置后兼设推杆（见图6-23（h））。

（9）设置整体溢流槽，以防止压铸件变形（见图6-23（i））。

2. 溢流槽尺寸的确定

溢流槽的容积如表6-6所示。

表6-6　溢流槽的容积

使　用　条　件	容　积　范　围	说　　明
消除压铸件局部热节处缩孔缺陷	为热节的3~4倍，或为缺陷部位体积的2~2.5倍	如作为平衡温度的热源或用于改善金属液充填流态，则应加大其容积
溢流槽的总容积	不少于压铸件的20%	小型压铸件的比值更大

溢流槽的截面形状有3种，如图6-24所示。

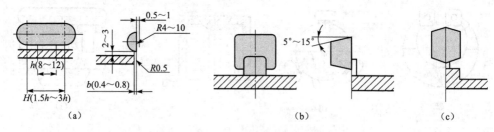

图6-24　溢流槽的截面形状和尺寸
（a）Ⅰ型；（b）Ⅱ型；（c）Ⅲ型

一般情况下采用Ⅰ型。Ⅱ型和Ⅲ型的容积较大，常用于改善模具热平衡或其他需要采用大容积溢流槽的部位。

单个溢流槽的经验数据如表6-7所示。

表6-7 单个溢流槽的经验数据

项　目	铅合金、锡合金、锌合金	铝合金、镁合金	铜合金、黑色金属
溢流口宽度 h/mm	6 ~ 12	8 ~ 12	8 ~ 12
溢流槽半径 R/mm	4 ~ 6	5 ~ 10	6 ~ 12
溢流口长度 l/mm	2 ~ 3	2 ~ 3	2 ~ 3
溢流口厚度 b/mm	0.4 ~ 0.5	0.5 ~ 0.8	0.6 ~ 1.2
溢流槽长度中心距 H/mm	> 1.5h ~ 2h	> 1.5h ~ 2h	> 1.5h ~ 2h

　　采用Ⅰ型溢流槽时，为便于脱模，将溢流口的脱模斜度做成30°~45°。溢流口与铸件连接处应有（0.3~1）mm×45°的倒角，以便清除。全部溢流槽的溢流口截面积的总和应等于内浇口截面积的60%~75%。如果溢流口过大，则与型腔同时充满，不能充分发挥溢流排气作用，故溢流口的厚度和截面积应小于内浇口的厚度和截面积，以保证溢流口比内浇口早凝固，使型腔中正在凝固的金属液形成一个与外界不相通的密闭部分而充分得到最终压力的压实作用。

　　采用Ⅱ、Ⅲ型溢流槽时，取脱模斜度为5°~10°。全部溢流槽容积总和为铸件体积的20%以上，但也不宜太大，以免增加过多的回炉料，致使型腔局部温度过高和分型面上投影面积增加过多。

　　溢流口的截面积一般为排气槽面积的50%，以保证溢流槽有效地排出气体。

　　溢流槽的外面还应开排气槽，一方面可以消除溢流槽的气体压力，使金属液顺利溢出，另一方面还能起到排气作用。

6.2.2 排气槽设计

　　排气槽是充型过程中，型腔内受到排挤的气体得以逸出的通道。设置排气槽的目的是排除浇道、型腔及溢流槽内的混合气体，以利于充填、减少和防止压铸件中气孔缺陷的产生。

　　排气槽一般与溢流槽配合，布置在溢流槽后端以加强溢流和排气效果。在某些情况下也可在型腔的必要部位单独布置排气槽。排气槽不能被金属流堵塞，排气槽相互间不应连通。排气槽的设计要点如下。

　　（1）排气槽的位置选择原则上与溢流槽基本相同，排气槽应尽可能设置在分型面上，以便脱模。

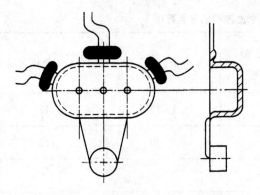

图6-25　溢流槽尾部开排气槽

（2）排气槽应尽可能设置在同一半模上，以便制造。

（3）排气量大时，可增加排气槽数量或宽度，切忌增加厚度，以防金属液堵塞或向外喷溅。

（4）溢流槽尾部应开排气槽，如图6-25所示。

（5）型腔深处可利用型芯和推杆的间隙排气。

排气槽的尺寸如表6-8所示。

表6-8　排气槽的尺寸

合金种类	排气槽深度 δ/mm	排气槽宽度 b/mm	说　明
铅合金	0.05～0.10		① 排气槽在离开型腔20～30 mm后，可将其深度增大至0.3～0.4 mm，以提高其排气效果 ② 在需要增加排气槽面积时，以增大排气槽的宽度和数量为宜，不宜过分增加其深度，以防金属液溅出
锌合金	0.05～0.12	8～25	
铝合金	0.10～0.15		
镁合金	0.10～0.15		
铜合金	0.15～0.20		
黑色金属	0.20～0.30		

排气槽的截面积一般为内浇口截面积的20%～50%。

在分型面上设置的排气槽的形状和尺寸可参考图6-26进行设计。

（1）采用曲折的排气槽时，为了减少排气阻力，在转折处宽度可取正常排气槽宽度的两倍。正常排气槽的长度不小于15～25 mm（见图6-26（a））。

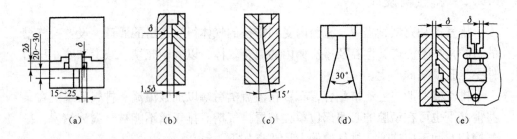

（a）　　　（b）　　　（c）　　　（d）　　　（e）

图6-26　排气槽的形状和尺寸

（2）直通的排气槽可做成阶梯状，加深到 1.5δ，如图 6-26（b）所示；或制成带 15′的斜度，如图 6-26（c）所示；或将在分型面上的投影形状制成扩大的喇叭形状，如图6-26（d）所示。

（3）图6-26（e）所示是浇注系统、型腔、溢流槽和排气槽的相对位置示意图。

第7章　压铸模成形零件设计

❈   7.1   成形零件的结构形式   ❈

在压铸模结构中，构成成形空腔以形成压铸件几何形状的零件称为成形零件。这些零件的质量决定了压铸件的质量和精度。同时，由于它们直接与金属液接触，承受着高速、高温、高压金属液的冲击和冲蚀，因而，这些零件也决定了压铸模的使用寿命。成形零件包括：型腔、固定型芯、活动型芯等。它们是根据压铸件的不同结构形式和模具制造工艺的需要，将相互对应的几何构件组合在一起，形成成形空腔的。因此，成形零件的拼接形式、尺寸精度、几何形状、机械强度等因素，对压铸件的质量有直接的影响。

成形零件的结构形式大体可分为整体式和组合式两类。

7.1.1   整体式结构

型腔和型芯均由整块材料加工而成，即型腔或型芯直接在模板上加工成形，如图7－1所示。图7－1（a）、（b）为整体式型腔结构，图7－1（c）为整体式型芯结构。

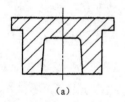 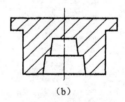 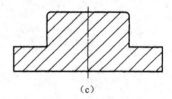

（a）　　　　　　　　　　（b）　　　　　　　　　　（c）

图7－1　整体式结构

整体式结构的特点如下。

（1）强度和刚性较好。

（2）可以避免产生拼缝痕迹。

（3）模具外形尺寸较小，以适应压铸机拉杆空间较小的需要。

（4）可以减少模具装配的工作量。

（5）易于设置模温调节装置。

但是，整体式结构加工量大，浪费贵重的热作模具钢，不易修复，同时，给热处理和表面处理带来很大困难，只适用于批量小、产品试制、形状简单、不需热处理的单腔模具。

7.1.2 整体组合式结构

型腔和型芯由整块材料制成，然后装入模板的模套内，再用台肩或螺栓固定。模套应采用圆形或矩形，以便于加工和装配。整体组合式型腔的基本结构和固定形式如图 7 - 2 所示。

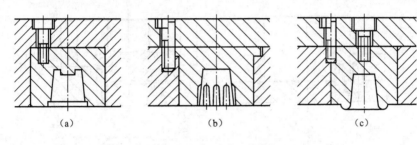

（a）   （b）   （c）

图 7 - 2 整体组合式型腔

图 7 - 2（a）是将模板作成盲孔的模套，将型腔镶块整体嵌入，在其背面用螺栓紧固。为便于加工，可采用较大直径的标准棒铣刀，使模套的 4 个角形成圆弧角。一般情况下，组装、型装后，型腔镶块应高于模套 0.1 ~ 0.3mm。

图 7 - 2（b）是模板用线切割机床，切割成贯通的模套，将矩形型腔镶块从背面装入模框，并设置台肩，用螺栓固定在垫板上。如果采用圆柱状型腔镶块，则可以在车床上加工，但必须设置止转销，防止因松动引起内浇口错位。

图 7 - 2（c）是另一种组合形式，在模腔镶块中心用螺栓将其固定在垫板上，为防止转动，需设置止转销。

整体组合式型芯的基本结构和固定形式如图 7 - 3 所示。

图 7 - 3（a）是将模板加工成与型芯相对应的安装孔，采用 H7/h6 的配合精度，将型芯嵌入后，在背面用螺栓固定。它多用于形状比较简单（如圆柱形），即模套孔易于加工配合的模具。

对于外部形状比较复杂的型芯，可采用图 7 - 3（b）和图 7 - 3（c）所示的结构形式。用线切割机床将模套孔作成贯通的形式，用台肩或螺栓固定。

对于外部形状复杂的型芯，当现场没有电火花切割机床时，也可采用图 7 - 3（d）所示的结构形式，将型芯的固定部分改制成容易加工的圆柱形或矩形凸台，在模板上加工出相应形状的模套孔，将型芯装入模套孔后，从背面固定，必要时，可设置止转圆销。采用这种结构，特别应注意配合面的平整，型芯与模板的结合处一定要紧密接触，防止形成凹入的飞边，阻碍压铸件的脱模。为此，在配合面的末端应留有0.5~1mm的装配间隙，作为紧固的空间。

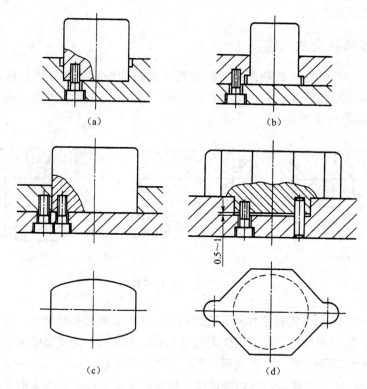

图7-3　整体组合式型芯

7.1.3　局部组合式结构

型腔或型芯由整块材料制成，局部镶有成形镶块。

图7-4为局部组合式型腔的结构实例。

图7-4（a）为压铸件底部有较为复杂的成形形状，很难加工，因此在型腔底部铣出形状简单的模套，将加工好的成形底芯压入，在背面用螺栓固定。

如果成形底芯的外部形状较为复杂，可采用图7-4（b）所示的形式，用线切割机床切通，将相互对应的外形型芯镶入型腔后，共同固定在垫板上。

图7-4（c）～（f）都是采用类似的结构形式。

局部组合式型腔多用于局部形状较为复杂，整体加工较为困难的场合。从以上的实例可以看出，采用局部组合的形式，使本来难于加工的成形部位，分拆成便于加工和便于热处理的单体，大大降低了模具的加工难度。在组装后，也没有明显的拼接痕迹，且修理和更换也比较方便。

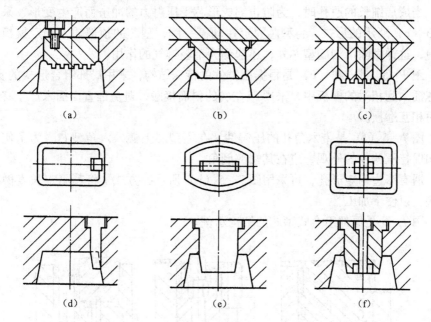

图 7 - 4 局部组合式型腔的结构实例

图 7 - 5 是局部组合式型芯的结构。

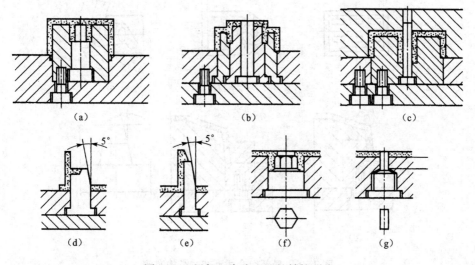

图 7 - 5 局部组合式型芯的结构形式

图 7 - 5（a）所示的压铸件的内腔为带有盲孔的凸台，通过局部镶拼的形式，使其加工简单可靠，并便于维修和更换。

图 7 - 5（b）是芯中镶芯的结构形式，将难于加工的部位分拆成几个容易加

工的成形件，经加工和热处理后组合在一起。

当成形细长的通孔时，为防止细成形芯受压射力的冲击而产生变形，采用图7-5（c）所示的形式，将型芯固定在动模一侧，型芯的顶部插入到定模板的通孔中，这样做除了加固型芯外，还起到为型腔排气的作用。

图7-5（d）和（e）是根据压铸件的特殊结构，采用局部组合形式的实例。型芯插入到相对的模板中，采用5°左右的斜面接触，避免因直面插入产生移动摩擦而相互磨损。

图7-5（f）是带六角孔的压铸件，在主型芯上镶入六角型芯。为了使用方便和保持压铸件的外观，应在其端部倒角。

遇有窄边的矩形孔，可采用图7-5（g）所示的方式，将其固定长度做得短一些，以便于加工。

图7-6是局部组合式型芯的结构示例。

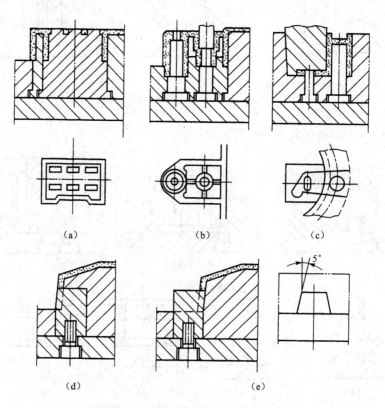

图7-6　局部组合式型芯的结构实例

图7-6（a）～（c）都是局部结构较为复杂的压铸件。整体式型芯难以加工，采用不同形式的局部组合结构，可以使成形零件的加工变得简单、方便。

对于在侧面有一缺口的压铸件，缺口型芯采用不同的结构形式，其成形效果也各不相同。图 7-6（d）是在缺口处镶嵌一块突起的镶件，它的特点是制造简单，不涉及型腔，但镶件与型腔形成一个垂直的擦合面，如果处理不好，会擦伤型腔或产生溢料现象。

图 7-6（e）是在动模板上紧靠主型芯镶嵌一个贯通的型芯，在型腔相对应的部位，做一个与型芯相互配合的缺口，缺口应有 5°左右的斜接触面，并应研合良好，以防溢料。这种结构形式安全可靠，缺口的配合面还能起到排气的作用。

7.1.4 完全组合式结构

完全组合式结构是由多个镶拼件组合而成的成形空腔。

1. 模套组合式

模套组合式的结构形式如图 7-7 所示。

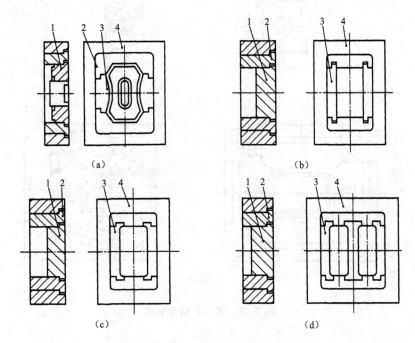

图 7-7 完全组合式结构
1—底拼块；2—端面拼块；3—侧拼块；4—模套

图 7-7（a）所示的型腔外形结构比较复杂，采用整体结构很难加工，所以将其分拆成几块镶件：底拼块 1、端面拼块 2 和侧拼块 3，分别加工后，装入模板的模套 4 中，组合成形腔，保证了成形件的精度，降低了加工难度。

面积较大的型腔也可采用模套组合形式。图 7-7（b）为直角型腔的拼接形式。图 7-7（c）是圆角型腔的拼接形式，为避免明显的接缝痕迹，应将拼接处设在圆角的切点处。加工研合后，装入模套，组成成形型腔。

图 7 - 7（d）是双型腔的拼接形式。

为了增强各拼块间相互拼接的强度和刚度，均采用 T 字槽的连接方式，使各拼块相互加固、制约。

2. 瓣合式组合形式

需要整体侧分型的压铸件，多采用瓣合式的组合形式。压铸模的型腔往往由两瓣或多瓣成形体组合而成，如图 7 - 8 所示。

图 7 - 8（a）是采用斜滑块抽芯时，由两瓣组合而成的型腔。

图 7 - 8（b）为框架式结构的压铸件。当侧抽芯距离较大时，可在四边采用瓣块组合形式。在斜销的带动下，分别从 4 个侧面分型。

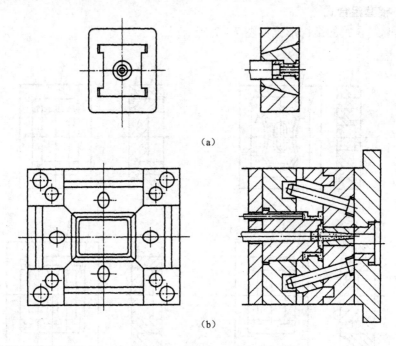

(a)

(b)

图 7 - 8　瓣合式组合形式

7.1.5　组合式结构形式的特点

（1）组合式结构的优点如下。

① 将组成成形空腔的各部分分解成若干个独立的镶块，简化加工工艺，降低模具加工的制造难度。

② 各组合件均可采用机械加工，特别是在淬硬处理后可采用高精度的磨削加工，保证了各部分的精度要求，提高了成形零件的使用寿命。

③ 提高机械设备的利用率，减少了繁重的人工工作量，从而相应提高了生

产效率，降低了做模成本。

④ 有利于沿脱模方向开设脱模斜度，方便研磨，保证了成形零件的表面粗糙度要求，便于脱模。

⑤ 拼合面有一定的排气作用。必要时也可在需要的部位另外开设排气槽。

⑥ 压铸件的局部结构改动时，便于修改模具。

⑦ 当易损的成形零件失效时，可随时修理或更换，不至于使整套模具报废。

⑧ 采用合理的组合式结构，可减少热处理变形。

（2）组合式结构的不足之处如下。

① 具有过多的镶块拼合面，难以满足组合尺寸的配合精度要求，增加了模具的装配难度。

② 镶拼处处理不当，会引起缝隙飞边，增加压铸件去除毛刺的工作量。

③ 不利于模体温度调节系统的布局。

组合式结构的模具多用于成形结构比较复杂的模具以及大型或多型腔的模具。

随着电加工、冷挤压、精密铸造等新工艺的不断发展和应用，除了为满足特殊结构的加工需要以及便于更换易损件而采用镶拼组合外，在一般情况下，应在加工条件允许的情况下，尽可能不采用过多的镶拼组合形式。

7.1.6　小型芯的固定形式

在局部组合的结构中，小型芯是成形各类孔和异形结构的成形零件。由于小型芯多设置在成形密集区内，有时会受到模具有限空间的限制。因此，小型芯的固定应根据具体条件，采取不同的方式。

小型芯的固定必须保持与相关结构件之间有足够的强度及稳定性，使其在金属液冲击以及压铸件在消除包紧力脱模时，不发生位移、变形或弯曲断裂现象。同时，还应便于加工和装卸，以利于小型芯失效时的修理和更换。

小型芯常用的固定形式如图 7 - 9 所示。

图 7 - 9（a）、（b）采用的是台肩的固定形式。它镶嵌在固定板上，再用螺栓将固定板紧固在垫板上。它稳定可靠，便于加工，是最常用的固定形式。当型芯直径较小时，为便于加工，可缩短型芯的配合部分，而使台肩部分加长。图 7 - 9（c）所示是为了缩短型芯的长度，在底部设置了圆柱销，将小型芯顶紧。这种形式多用在模板较厚、型芯直径较小的场合。

当模板较厚时，也可采用图 7 - 9（d）所示的方式，用螺塞紧固。当型芯成形面积较大时，可采用图 7 - 9（e）所示的固定方式，即在型芯的背面用螺栓固定。这两种固定方式可在省去垫板或不设垫板的情况下采用。

对于薄片状或数量较多的型芯，可采用图 7 - 9（f）所示的结构，由横销钉贯穿固定。

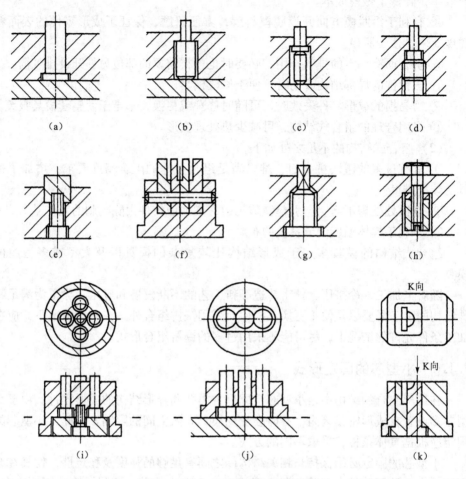

图7-9　小型芯常用的固定形式

图7-9（g）和（h）所示是异形型芯的固定方法。图7-9（g）所示是缩短异形型芯的固定部分，根部仍做成圆柱形，缩短型芯固定孔的配合长度，有利于固定板异形固定孔的加工。图7-9（h）所示是将异形型芯的成形部分裸露，固定部分做成易于加工的圆柱形，在背面用螺帽紧固。但在采用时应特别注意，成形部分一定要与模面接触良好，防止因出现横向飞边而影响脱模。

当多个型芯相距较近时，可采用图7-9（i）和（j）所示的结构形式。图7-9（i）所示采用压盖，将各个型芯一起压紧。图7-9（j）所示将台肩孔贯通，将型芯的台肩做成扁平状，互相挤紧制约，借助垫板固定。

图7-9（k）则是由镶嵌件组成的异形型腔，依靠台肩固定在型芯内。对于非圆形的零件，不必采用一周的台肩。较大的零件采用相对的两面，小型零件采用一面即可。

7.1.7 活动型芯的安装与定位

当成形小螺纹或模外手动侧抽芯时，以活动型芯的形式将成形零件安装在模体内，压铸成形后，与压铸件一起推出、卸下。活动型芯在安装时，应有如下要求。

（1）定位应准确可靠，不能因合模时产生的振动以及压射冲击使它们产生移位或脱落。

（2）安装时应方便快捷，并能顺利随压铸件推出，并与压铸件分离。

常见活动型芯的安装和定位形式如图7－10所示。

当活动型芯安装在下模，即安装方向与重力方向一致时，只靠重力作用，将活动型芯固定，如图7－10（a）所示。

在一般情况下，应采取简单可靠的定位措施。如图7－10（b）所示，在安装部位设置有弹力作用的开口槽，活动型芯由于自身的弹张力作用而固定在安装孔内，或如图7－10（c）所示，在安装部位加设弹性圈，如图7－10（d）所示，加设弹性套，如图7－10（e）所示，加设弹力簧等。这些形式多用于质量较轻的小型活动型芯。

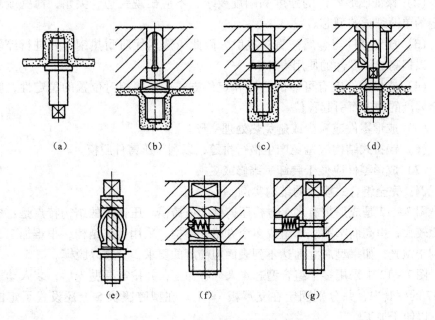

图7－10 活动型芯的安装与定位

当活动型芯的质量较大时，应采用图7－10（f）、（g）所示的结构形式，在活动型芯内，或在模体上设置受弹簧弹力推动的弹顶销。

（3）嵌件的定位面还应是可靠的密封面，以保证在压射填充时，金属液不

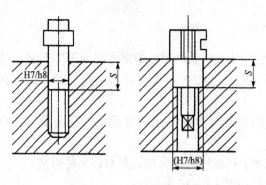

图 7 - 11　嵌件的定位精度

会溢出。因此，嵌件的定位部分应有一段长度 S 不小于 5 mm，精度为 H7/h8 的配合精度，如图7 - 11 所示。当定位部位的直径较大时，应考虑模具温度升高产生的热胀给安装和密封带来的影响。

（4）嵌件都应设置在分型面上，安放嵌件的部位应尽可能靠近操作人员一侧。

（5）在安放嵌件附近，不宜设置推杆，以免影响嵌件的安装。

7.1.8　成形零件的设计要点

成形零件的设计要点如下。

（1）应使成形零件的加工工艺简单合理，便于机械加工，并容易保证尺寸精度和组装部位的配合精度。

（2）保证成形零件的强度和刚度要求，不应出现锐边、尖角、薄壁或超过规定的单薄细长的型芯。

（3）成形零件与金属液直接接触，因此应选用优质耐热钢，并进行淬硬处理，以提高成形零件的使用寿命。

（4）成形零件应有可靠的固定和定位方式，提高相对位置的稳定性，防止因金属液的冲击而引起移位。

（5）成形零件应减少或避免热处理变形。

（6）镶拼式结构应避免产生横行拼缝，以利于压铸件脱模。

（7）成形零件应便于装卸、维修或更换。

例：完全组合式模具的结构实例。

图 7 - 12 是成形带有多个方格压铸件的压铸模。压铸件的结构特点是：成形面积较大，由高而窄的立墙组成多个方格式结构。采用整体结构，很难加工，并不利于抛光，如果型芯立面达不到表面粗糙度的要求，会难以脱模。

图 7 - 12 中采用多个组合型芯 4 来分解加工，并按需要抛光后，装入动模镶块 17 的模套中，并分别固定在支承板 19 上。在型腔镶块 5 上还设置了定镶块 12，以便于加工。

利用中心部分的通孔，采用中心内浇口的进料方式，并设有分流锥 7，使金属液流动顺畅，排气良好，且容易清除浇口余料。

各方格间的隔墙较深，只靠推杆 11，压铸件很难完整脱模。将矩形推杆 10 作用在间隔立墙上，可稳定可靠地将压铸件推出。

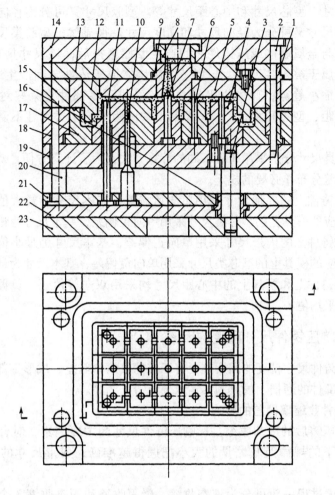

图 7-12 完全组合式模具结构实例

1—导套；2—导柱；3—推板导柱；4—组合型芯；5—型腔镶块；6—型芯；
7—分流锥；8—浇口套；9—浇道镶块；10—矩形推杆；11—推杆；
12—定镶块；13—垫板；14—定模座板；15—定模板；16—推板导套；
17—动模镶块；18—动模板；19—支承板；20—复位杆；
21—推杆固定板；22—推板；23—动模座板

由于压铸成形面积较大，除了加厚支承板 19 外，还设置了推板的导柱，它同时起支承作用。

※ 7.2 成形零件的尺寸计算 ※

成形零部件中直接决定压铸件几何形状的尺寸称为工作尺寸。工作尺寸可分为型腔尺寸、型芯尺寸和中心距尺寸等。型腔尺寸又可分为径向尺寸和深度尺寸，型芯尺寸又可分为径向尺寸和高度尺寸。很显然，型腔类尺寸属于包容尺寸，型腔与金属熔体或压铸件之间产生摩擦磨损后，该尺寸具有增大趋势；型芯类尺寸属于被包容尺寸，与型芯金属熔体或压铸件之间产生摩擦磨损后，该尺寸具有缩小趋势；而中心距尺寸一般指成形零部件上某些对称结构的距离，如孔间距、型芯间距、凹槽间距和凸块间距等，这类尺寸不受摩擦磨损的影响。

上述3类尺寸分别采用3种不同的计算方法，为了计算方便，对它们的标注形式及其偏差分布作必要的规定。

（1）压铸件上的外形尺寸采用单向负偏差，基本尺寸为最大值；与压铸件外形尺寸相应的模具上的型芯类尺寸采用单向正偏差，基本尺寸为最小值。

（2）压铸件上的内形尺寸采用单向正偏差，基本尺寸为最小值；与压铸件内形尺寸相应的模具上的型芯类尺寸采用单向负偏差，基本尺寸为最大值。

（3）压铸件上和模具上的中心距尺寸均采用双向等值正、负偏差，它们的基本尺寸为平均值。

7.2.1　影响压铸件尺寸精度的因素

影响压铸件尺寸精度的因素主要有压铸件收缩率偏差、成形零部件的制造偏差、成形零部件的磨损、模具的结构以及压铸工艺等。

1. 压铸件收缩率偏差的影响

压铸件压铸后的冷却收缩是影响压铸件尺寸的主要因素，对合金冷却收缩在各种情况下的规律及收缩量的大小把握得越准确，成形尺寸的准确程度就越高。

合金收缩过程一般可分为液态收缩、凝固收缩和固态收缩3个阶段。压铸时，一般金属液的过热度（超过液相线的温度）不高，在高压下，液态收缩能被从浇口进入的金属液补缩，所以它对压铸件尺寸精度的影响不大。在第2阶段的凝固收缩中，虽然收缩量较大，而且补缩较为困难，但这时的收缩受到模具的限制，所以自由收缩很困难，其收缩量的比例仍不是压铸件收缩值中最大的。在第3阶段的固态收缩中，自由收缩所占的比例较大，从这个阶段开始，收缩仍在模具内产生直至压铸件从模具内脱出为止。其后，压铸件就处于自由收缩状态，收缩量的大小与脱模时压铸件温度与室温的差值、合金的种类、压铸件的大小、壁厚等因素有关。

压铸件收缩率的大小与合金种类、收缩受阻的情况及压铸件壁厚等因素有关，一般规律如下。

（1）合金的原材料不同，收缩率也不同。收缩率从大到小的顺序依次是铜合金、镁合金、铝合金、锌合金、铅合金和铅锡合金。

（2）当压铸件包住型芯的径向尺寸处于受阻方向时，收缩率较小；当与型芯轴线平行方向的尺寸处于自由收缩方向时，收缩率较大。

（3）形状复杂、型芯多的压铸件收缩率较小；形状简单、无型芯的压铸件收缩率较大。

（4）薄的压铸件收缩率较小，厚的压铸件收缩率较大。

（5）脱模时压铸件的温度与室温的差值愈大，收缩率愈大。

（6）压铸件收缩率也受模具热平衡的影响，同一压铸件的不同部位，在收缩受阻条件相同的情况下，模温不同，收缩率也不一致。例如，离浇口近的一端收缩率大，远离浇口的一端收缩率小，这对于尺寸较大的压铸件尤为显著。

在计算成形零部件工作尺寸时所采用的收缩率称为计算收缩率，其表达式为

$$k = \frac{L_{\mathrm{m}} - L_{\mathrm{z}}}{L_{\mathrm{z}}} \times 100\% \qquad (7-1)$$

式中　k——计算收缩率；

　　　L_{m}——室温下模具成形零件的尺寸；

　　　L_{z}——室温下压铸件的尺寸。

常用压铸合金的计算收缩率如表 7-1 所示，压铸件实际收缩率与计算收缩率不一定完全符合，两者之间的误差必然会使工作尺寸的计算精度受到影响，因此由于收缩率不准确而产生的压铸件尺寸偏差一般需要控制在该产品尺寸公差 Δ 的 1/5 以内。

2. 成形零部件制造偏差的影响

无论采用何种方法加工制造成形零部件，它们的工作尺寸总会存在一定的制造偏差。工作尺寸的制造偏差包括加工偏差和装配偏差两个方面。加工偏差与工作尺寸的大小、加工方法及其加工设备有关；装配偏差主要存在于镶拼尺寸段或一些活动成形结构的装配尺寸中。工作尺寸的制造偏差必然会使压铸件产品产生尺寸偏差，因此设计制造成形零部件时，一定要根据压铸件产品的尺寸精度要求，选择比较合理的成形零部件结构及加工制造方法，以便将制造偏差引起的压铸件产品尺寸偏差保持在尽可能小的范围内，在通常情况下，工作尺寸的制造偏差 δ_{z} 不应超过压铸件产品尺寸公差 Δ 的 1/4。具体选取规定如下。

当压铸件为 GB 1800—1979 的 IT11 ~ IT12 级精度时，$\delta_{\mathrm{z}} = \dfrac{1}{5}\Delta$；当压铸件为 GB 1800—1979 的 IT13 ~ IT15 级精度时，$\delta_{\mathrm{z}} = \dfrac{1}{4}\Delta$。

表 7 - 1　各种合金压铸件计算收缩率的推荐值

合金种类	收缩状况		
	阻碍收缩	混合收缩	自由收缩
	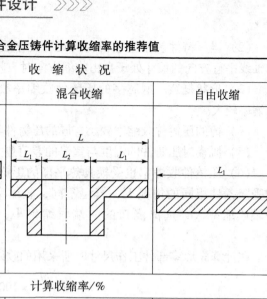		
	计算收缩率/%		
铅锡合金	0.2 ~ 0.3	0.3 ~ 0.4	0.4 ~ 0.5
锌合金	0.3 ~ 0.4	0.4 ~ 0.6	0.6 ~ 0.8
铝硅合金	0.3 ~ 0.5	0.5 ~ 0.7	0.7 ~ 0.9
铝硅铜合金 铝镁合金 镁合金	0.4 ~ 0.6	0.6 ~ 0.8	0.8 ~ 1.0
黄铜	0.5 ~ 0.7	0.7 ~ 0.9	0.9 ~ 1.1
铝青铜	0.6 ~ 0.8	0.8 ~ 1.0	1.0 ~ 1.2

　注：1. L_1 为自由收缩，L_2 为阻碍收缩，L 为混合收缩；
　　　2. 表中数据是指模具温度、浇注温度等工艺参数为正常时的收缩率。

3. 成形零部件磨损的影响

　　成形零部件的磨损主要来自金属熔体对它产生的冲击和摩擦，以及脱模时压铸件对它的刮磨，尤其后者的影响最大。压铸件对成形零部件的刮磨一般只发生在与脱模方向平行的部位，而与脱模方向垂直部位上的磨损在设计成形零部件时通常可以不予考虑。成形零部件的磨损与合金的种类、模具材料、模具成形部分的表面状态、模具使用时间及压铸件产品的结构形状等许多因素有关。成形零部件工作尺寸磨损后，成形出的压铸件尺寸将与磨损前成形出的尺寸存在着偏差。通常，工作尺寸的最大磨损量 δ_c（亦即磨损引起压铸件的尺寸偏差）在压铸件产品公差 Δ 的 1/6 左右选取。

4. 模具结构及压铸工艺的影响

　　对于同一个压铸件，分型面的选取不同，其在模具中的位置不同，压铸件上同一部位的尺寸精度就有差异。另外，选用活动型芯还是固定型芯，抽芯部位及滑动部位的形式与配合精度等对该处压铸件的尺寸精度也有影响。在压射过程中，采用较大的压射比压时，有可能使分型面胀开而出现微小的缝隙，因而从分型面算起的尺寸会增大。另外，涂料涂刷的方式、涂料涂刷的量及其均匀程度也会影响压铸件的尺寸精度。

7.2.2 成形零部件工作尺寸的计算

目前，成形零部件的工作尺寸普遍采用平均收缩率方法进行计算。下面参考图 7-13 介绍计算方法。

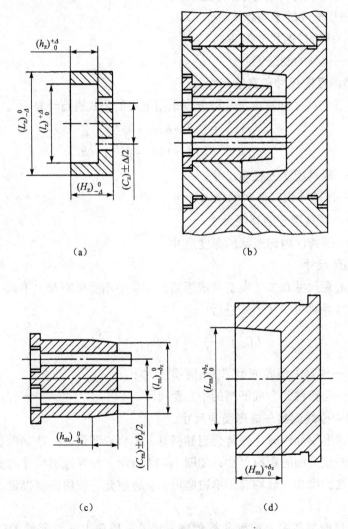

(a)   (b)

(c)   (d)

图 7-13 成形零件工作尺寸的计算

(a) 压铸件；(b) 合模状态；(c) 型芯尺寸；(d) 型腔尺寸

1. 型腔的径向尺寸和深度尺寸

型腔的径向尺寸和深度尺寸分别采用下面的公式进行计算

$$(L_m)^{+\delta_z}_0 = \left[(1+k)L_z - 0.7\Delta\right]^{+\delta_z}_0 \tag{7-2}$$

$$(H_m)^{+\delta_z}_0 = \left[(1+k)H_z - 0.7\Delta\right]^{+\delta_z}_0 \tag{7-3}$$

式中　L_m——模具型腔的径向尺寸；

　　　　L_z——压铸件外部形状的径向尺寸；

　　　　H_m——模具型腔的深度尺寸；

　　　　H_z——压铸件外部形状的高度尺寸；

　　　　k——压铸件的平均收缩率；

　　　　Δ——压铸件的尺寸偏差；

　　　　δ_z——模具的制造偏差。

2. 型芯的径向尺寸和高度尺寸

型芯的径向尺寸和高度尺寸可分别采用下面的公式进行计算

$$(l_m)^0_{-\delta_z} = \left[(1+k)l_z + 0.7\Delta\right]^0_{-\delta_z} \tag{7-4}$$

$$(h_m)^0_{-\delta_z} = \left[(1+k)h_z + 0.7\Delta\right]^0_{-\delta_z} \tag{7-5}$$

式中　l_m——模具型芯的径向尺寸；

　　　　l_z——压铸件内部形状的径向尺寸；

　　　　h_m——模具型芯的高度尺寸；

　　　　h_z——压铸件内部形状的深度尺寸。

3. 中心距尺寸

根据中心距尺寸在加工制造和成形磨损过程中不受影响及上下偏差对称分布的规定，尺寸计算可采用下式进行

$$(C_m) \pm \frac{\delta_z}{2} = \left[(1+k)C_z\right] \pm \frac{\delta_z}{2} \tag{7-6}$$

式中　C_m——模具上型腔或型芯的中心距尺寸；

　　　　C_z——压铸件凸台或凹槽的中心距尺寸。

4. 模内中心线到某一成形面的尺寸

在设计成形零部件时，经常会遇到模具上凸台或凹槽的一些局部成形结构的中心线到某一成形面的距离尺寸，如图7-14所示。计算这类尺寸时必须判断尺寸的性质，这类尺寸一般均属于单边磨损性质，故允许使用的磨损量比一般情况下小一倍。

（1）凹槽或型芯中心线到凹模侧壁的尺寸。模具上成形零件的凹槽或型芯中心线到凹模侧壁的尺寸如图7-14（a）所示。由于脱模时对凹模侧壁产生刮磨，所以该类尺寸属于型腔类尺寸，可按下式进行计算

$$\left(C'_{\mathrm m}\right)\pm\frac{\delta_{\mathrm z}}{2}=\left[\left(1+k\right)C'_{\mathrm z}-\frac{\Delta}{24}\right]\pm\frac{\delta_{\mathrm z}}{2} \qquad (7-7)$$

式中　$C'_{\mathrm m}$——模具成形零件的凹槽或型芯中心线到凹模侧壁的尺寸；

$\quad\quad$　$C'_{\mathrm z}$——压铸件上凸起或凹槽中心线到压铸件上某一外壁的尺寸。

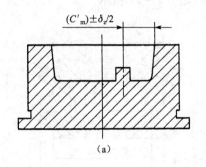
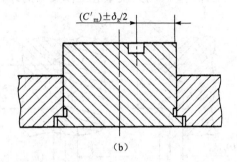

图 7 – 14　模内中心线到某一成形面的尺寸计算

（2）凹槽或型芯中心线到凸模侧壁的尺寸。模具上成形零件的凹槽或型芯中心线到凸模侧壁的尺寸如图 7 – 14（b）所示。由于脱模时对凸模侧壁产生刮磨，所以这类尺寸属于型芯类尺寸，可按下式进行计算

$$\left(C'_{\mathrm m}\right)\pm\frac{\delta_{\mathrm z}}{2}=\left[\left(1+k\right)C'_{\mathrm z}+\frac{\Delta}{24}\right]\pm\frac{\delta_{\mathrm z}}{2} \qquad (7-8)$$

式中　$C'_{\mathrm m}$——模具成形零件的凹槽或型芯中心线到凸模侧壁的尺寸；

$\quad\quad$　$C'_{\mathrm z}$——压铸件上凸起或凹槽中心线到压铸件上某一孔壁的尺寸。

5. 螺纹型环和螺纹型芯的尺寸

螺纹型环和螺纹型芯分别用来成形压铸件上的内螺纹和外螺纹。直接成形压铸件螺纹的脱模方法有两种，一种是机动脱模（例如齿轮传动脱模螺纹型芯成形的内螺纹和对开式斜滑块成形的外螺纹）；另一种是手动脱模（在成形前，先将螺纹型环或螺纹型芯放置在模内，成形后用专用工具手工将它们与压铸件脱模分离）。

为了便于在普通机床上加工型环或型芯的螺纹，一般的设计中不考虑螺距 P 的收缩率，而是适当减小螺纹型环的径向尺寸和适当增大螺纹型芯的径向尺寸，以增大压铸螺纹使用时的配合间隙，弥补因螺距收缩而引起的螺纹旋合误差，同时尽量减短螺纹的旋合长度，防止因旋合过长产生内外螺纹的干涉而破坏螺纹的现象，一般螺纹旋合不超过 6 ~ 7 牙。为了保证压铸件的外螺纹小径在旋合后与内螺纹小径有间隙，应考虑最小配合间隙 $X_{\min}$，一般 $X_{\min}$ 取螺距 P 的 0.02 ~ 0.04 倍。

为了便于将螺纹型芯和整体式螺纹型环从压铸件中退出，必须制出脱模斜度，脱模斜度一般取 0.5°，同时，成形部分的大径、中径和小径各尺寸均以大端

为基准。

　　如果压铸件均匀地收缩，一般不会改变螺纹的牙尖角，同时如果压铸过程中牙尖角的标准角度有某些偏离，也不可能用螺距的改变来弥补，只会降低螺纹的可旋合性，因此在设计制造中，螺纹的牙尖角应保持不变。

　　螺纹型环与螺纹型芯工作尺寸的计算参考图如图 7 – 15 所示。

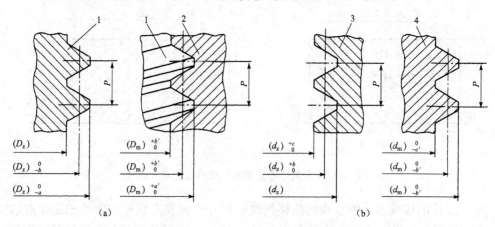

图 7 – 15　螺纹型环和螺纹型芯的尺寸
1—压铸件外螺纹；2—螺纹型环；3—压铸件内螺纹；4—螺纹型芯

　　（1）螺纹型环的工作尺寸（见图 7 – 15（a））。

$$D_{m大} = \left[(1+k) D_{z大} - 0.75a \right]_{0}^{+a/4} \tag{7-9}$$

$$D_{m中} = \left[(1+k) D_{z中} - 0.75b \right]_{0}^{+b/4}$$

$$= \left[(1+k)(D_{z大} - 0.649\,5\,P) - 0.75b \right]_{0}^{+b/4} \tag{7-10}$$

$$D_{m小} = \left[(1+k)(D_{z小} - X_{min}) - 0.75b \right]_{0}^{+b/4}$$

$$= \left[(1+k)(D_{z大} - 1.082\,5\,P - X_{min}) - 0.75b \right]_{0}^{+b/4} \tag{7-11}$$

式中　$D_{m大}$——螺纹型环大径的尺寸；

　　　　$D_{m中}$——螺纹型环中径的尺寸；

　　　　$D_{m小}$——螺纹型环小径的尺寸；

　　　　$D_{z大}$——压铸件外螺纹大径的尺寸；

　　　　$D_{z中}$——压铸件外螺纹中径的尺寸；

　　　　$D_{z小}$——压铸件外螺纹小径的尺寸；

　　　　a——压铸件外螺纹大径的偏差；

　　　　b——压铸件外螺纹中径的偏差；

　　　　X_{min}——螺纹小径的最小配合间隙，$X_{min} = (0.02 \sim 0.04)\,P$；

　　　　P——螺距尺寸；

　　　　k——压铸件的平均收缩率。

（2）螺纹型芯的工作尺寸（见图 7 – 15（b））。

$$d_{m大} = \left[(1+k)d_{z大} + 0.75b \right]_{-b/4}^{0} \qquad (7-12)$$

$$d_{m中} = \left[(1+k)(d_{z中} + 0.75b \right]_{-b/4}^{0}$$

$$= \left[(1+k)(d_{z大} - 0.6495\,P) + 0.75b \right]_{-b/4}^{0} \qquad (7-13)$$

$$d_{m小} = \left[(1+k)d_{z小} + 0.75c \right]_{-c/4}^{0}$$

$$= \left[(1+k)(d_{z大} - 1.0825\,P) + 0.75c \right]_{-c/4}^{0} \qquad (7-14)$$

式中　$d_{m大}$——螺纹型芯大径的尺寸；

　　　$d_{m中}$——螺纹型芯中径的尺寸；

　　　$d_{m小}$——螺纹型芯小径的尺寸；

　　　$d_{z大}$——压铸件内螺纹大径的尺寸；

　　　$d_{z中}$——压铸件内螺纹中径的尺寸；

　　　$d_{z小}$——压铸件内螺纹小径的尺寸；

　　　b——压铸件内螺纹中径的偏差；

　　　c——压铸件内螺纹小径的偏差。

压铸件内外螺纹的偏差值可查 GB 2516—1981。

7.2.3　压铸件有脱模斜度时成形尺寸基准选择的一般规定

在成形零件的脱模方向，一般均制出一定的脱模斜度，设计时应保证该类尺寸与压铸件图纸上规定尺寸的大小端部位一致。一般在压铸件图纸上应注明规定尺寸的大小端部位，还需要明确该尺寸是否留有加工余量。对无加工余量的压铸件尺寸，应以压铸件在装配时不受阻碍为原则，对留有加工余量的压铸件尺寸，应以切削加工时有足够的余量为原则，故作出如下规定。

1. 无加工余量的压铸件尺寸

无加工余量的压铸件尺寸如图 7 – 16（a）所示，型腔尺寸以大端为基准，另一端按脱模斜度值相应减小；型芯尺寸以小端为基准，另一端按脱模斜度值相应增大；螺纹型环与螺纹型芯的尺寸，成形部分的螺纹外径、中径及内径各尺寸均以大端为基准。

2. 两面留有加工余量的压铸件尺寸

两面留有加工余量的压铸件尺寸如图 7 – 16（b）所示，型腔尺寸以小端为基准；型芯尺寸以大端为基准；螺纹型环尺寸，当压铸件的结构需采用对开式分型的螺纹型环时，为了消除螺纹的接缝、椭圆度、轴向错位及径向偏移等缺陷，可将压铸件的螺纹中径尺寸增加 0.2～0.3 mm 的加工余量，以便采用板牙套丝。

3. 单面留有加工余量的尺寸

单面留有加工余量的尺寸如图 7 – 16（c）所示，型腔尺寸以非加工面的大端为基准，加上斜度值及加工余量，另一端按脱模斜度值相应减小；型芯尺寸以非加工面的小端为基准，减去斜度值及加工余量，另一端按脱模斜度值相应放大。

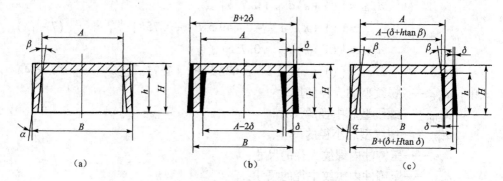

图7－16　有脱模斜度时成形尺寸的基准选择

（a）无加工余量的压铸件；（b）两面留有加工余量的压铸件；（c）单面留有加工余量的压铸件

A—压铸件孔的尺寸；B—压铸件轴的尺寸；h—压铸件孔的深度；H—压铸件外形的高度；

α—外表面的脱模斜度；β—内表面的脱模斜度；δ—机械加工余量

❈　7.3　成形零件的常用材料　❈

7.3.1　成形零件对选用材料的要求

为适应成形零件的工作条件，成形零件所选用的材料应符合以下要求。

（1）在高温时仍具有较高的强度，适当的硬度，良好的冲击韧性。

（2）较好的导热性和抗热疲劳性能。

（3）具有良好的淬透性和较小的热处理变形率。

（4）在高温下，化学性能稳定，有较高的抗氧化性和抵抗熔流黏附的性能。

（5）热膨胀系数小，在高温下有较好的尺寸稳定性。

（6）具有较高的耐磨性和耐腐蚀性能。

（7）可锻性和切削加工性能良好。

7.3.2　成形零件常用的材料

压铸模成形零件常用的材料及热处理要求如表7－2所示。

由于浇注系统的各结构件也与金属液直接接触，所以它们的工作条件与成形零件基本相同，它们选用的材料也在表7－2中一并列出。

表7－2　压铸模成形零件常用的材料及热处理要求

零件名称		压铸合金			热处理要求	
		锌合金	铝、镁合金	铜合金	压铸锌、铝、镁合金	压铸铜合金
与金属液接触的零件	型腔镶块、型芯、滑块中的成形部位等成形零件	4Cr5MoV1Si 3Cr2W8V （3Cr2W8） 5CrNiMo 4CrW2Si	4Cr5MoV1Si 3Cr2W8V （3Cr2W8）	3Cr2W8V （3Cr2W8） 3Cr2W5Co5MoV 4Cr3Mo3W2V 4Cr3Mo3SiV 4Cr5MoV1Si	43～47HRC （4Cr5MoV1Si） 44～48HRC （3Cr2W8V）	38～42HRC
	浇道镶块、浇口套、分流锥等浇注系统	4Cr5MoVSi 4Cr5MoV1Si 3Cr2W8V （3Cr2W8）				

压铸模成形零件常用钢的化学成分如表7－3所示。

表7－3　压铸模成形零件常用钢的化学成分

钢种	化学成分（质量分数）/%									
	C	Si	Mn	Cr	V	W	Mo	Ni	P	S
4Cr5MoV1Si	0.32～0.42	0.80～1.20	0.20～0.50	4.75～5.50	0.80～1.20		1.10～1.75		≤0.030	≤0.030
4Cr5MoVSi	0.32～0.42	0.80～1.20	0.20～0.50	4.75～5.50	0.3～0.5		1.10～1.75		≤0.030	≤0.030
3Cr2W8V	0.30～0.40	≤0.40	≤0.40	2.20～2.70	0.20～0.50	7.50～9.00	<1.50			
4Cr3Mo3SiV	0.35～0.45	0.80～1.20	0.25～0.70	3.00～3.75	0.25～0.75		2.00～3.00		≤0.030	≤0.030
4Cr3Mo3W2V	0.32～0.42	0.60～0.90	≤0.65	2.80～3.30	0.80～1.20	1.20～1.80	2.50～3.00			
4CrW2Si	0.35～0.44	0.80～1.00	0.20～0.40	1.00～1.30		2.00～2.50				
5CrNiMo	0.50～0.60	≤0.40	0.50～0.80	0.50～0.80	<0.20		0.15～0.30	1.40～1.80		

在成形零件常用材料的化学成分中，钨和铬能减小材料的热膨胀系数，钨的作用尤其显著。铬还能在高温下形成氧化物的表面层，以防止继续氧化。实践证明，含碳量大于0.5%的钢，很容易产生热裂现象，含碳量越高，热裂现象越严重。钢中的含碳量稍有增加时，为不显著地降低它的韧性，可加入少量的钒。

第8章 压铸模侧向抽芯机构设计

当压铸件的外侧或内侧方向具有孔、凹槽或凸起时，压铸模就不能顺利分型或者压铸件就不能直接由推杆等推出机构脱模，此时必须把成形侧向孔、凹槽或凸起的零件设计成活动零件，在压铸成形后，开模时，先将成形侧向凹凸形状的活动零件抽出，然后模具的推出机构将压铸件推出脱模。合模时又必须使抽出的侧向成形零件复位，以便进行下一循环的压铸操作。完成上述这种动作的机构，叫做侧向分型与抽芯机构，简称侧向抽芯机构。

❈ 8.1 侧向抽芯机构的分类及组成 ❈

8.1.1 侧向抽芯机构的分类

按照侧向抽芯动力来源的不同，压铸模的侧向抽芯机构可分为机动侧抽芯机构、液压侧抽芯机构和手动侧抽芯机构等3大类。

1. 机动侧抽芯机构

开模时，依靠压铸机的开模动力，通过抽芯机构改变运动的方向，从而达到开模时将侧型芯抽出，合模时又使侧型芯复位的机构，称为机动侧抽芯机构。机动侧抽芯机构按照结构形式的不同又可分为斜销侧抽芯机构、弯销侧抽芯机构、斜滑块侧抽芯机构和齿轮齿条侧向抽芯机构等。机动侧抽芯虽然使模具结构复杂，但其抽芯力大，生产效率高，容易实现自动化操作，且不需另外添置设备，因此在生产中得到了广泛的应用。

2. 液压侧抽芯机构

液压侧抽芯是指以压力油作为抽芯动力，在模具上配制专门的抽芯液压缸（抽芯器），通过活塞的往复运动来完成侧向抽芯与复位。这种抽芯方式传动平稳，抽芯力较大，抽芯距也较长，抽芯的时间顺序可以自由地根据需要设置。其缺点是增加了操作工序，而且需要配置专门的液压抽芯器及控制系统。现代压铸机，随机均带有液压抽芯器和控制系统。

3. 手动侧抽芯机构

手动侧抽芯机构是指利用人工在开模前（模内）或脱模后（模外）使用专门制造的手工工具抽出侧向活动型芯的机构。手动侧抽芯机构的特点是模具结构简单，制造容易且传动平稳。缺点是生产效率低，劳动强度大，而且受人力限制难以获得较大的抽芯力。由于丝杠螺母传动副能获得比较大的抽芯力，因此，这种侧抽芯方式在手动抽芯中应用较广。

8.1.2　侧向抽芯机构的组成

图 8-1 所示为斜销机动侧向抽芯机构，下面以此为例，说明侧向抽芯机构的组成与作用。

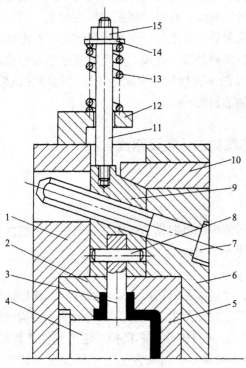

图 8-1　侧抽芯机构的组成

1—动模套板；2—动模镶块；3—侧型芯；4—凸模；
5—定模镶块；6—定模套板；7—斜销；8—圆柱销；
9—侧滑块；10—楔紧块；11—拉杆；12—挡块；
13—弹簧；14—垫圈；15—螺母

1. 侧向成形元件

侧向成形元件是成形压铸件侧向凹凸（包括侧孔）形状的零件，如侧向型芯，侧向成形块等，如图 8-1 中的侧型芯 3。

2. 运动元件

运动元件是指安装并带动侧向成形块或侧向型芯在模套导滑槽内运动的零件，如图 8-1 中的侧滑块 9。

3. 传动元件

传动元件是指开模时带动运动元件作侧向分型或抽芯，合模时使之复位的零件，如图 8-1 中的斜销 7。

4. 锁紧元件

锁紧元件是指合模压射时为了防止运动元件受到侧向压力而产生位移所设置的零件，如图 8-1 中的楔紧块 10。

5. 限位元件

为了使运动元件在侧抽芯结束后停留在所要求的位置上，以保证合模时传动元件能顺利使其复位，必须设置运动元件侧抽芯结束时的限位元件，如图 8-1 中由弹簧 13、拉杆 11、挡块 12、垫圈 14 和螺母 15 等零件组成的弹簧拉杆挡块机构。

❇ 8.2 抽芯力与抽芯距的确定 ❇

在压铸生产中，每一模压铸结束后，金属液冷却凝固，产生收缩，对侧向活动型芯的成形部分产生包紧力。侧抽芯机构在开始抽芯的瞬间，需要克服由压铸件收缩产生的包紧力所引起的抽芯阻力和抽芯机构运动时产生的摩擦阻力，这两者的合力即为起始抽芯力。由于存在脱模斜度，一旦侧型芯开始移动，继续抽芯主要克服抽芯机构在移动过程中产生的摩擦阻力。因此，研究抽芯力的大小应主要讨论初始抽芯力的大小，由于侧型芯滑块的重量通常都比较小，所以计算抽芯力时，可以忽略不计。抽芯距是指侧型芯从成形位置抽至不妨碍压铸件脱模的位置时，该型芯或固定该型芯的滑块在侧抽芯方向所移动的距离，抽芯距的长短直接关系到驱动侧抽芯的传动元件的设计。

8.2.1 抽芯力的确定

1. 抽芯力的确定

（1）抽芯力的理论计算　抽芯力的理论计算参考图 8 - 2。由于侧型芯的脱模斜度为 α，在抽芯力 F_C 的作用下，压铸件对侧型芯的正压力降低了 $F_C\sin\alpha$，此时的摩擦阻力为

$$F_1 = \mu(F_B - F_C\sin\alpha) \qquad (8-1)$$

式中　F_1——摩擦阻力，N；

μ——摩擦系数，一般取 0.2 ~ 0.25；

F_B——压铸件冷却凝固收缩后对侧型芯产生的包紧力，N；

F_C——抽芯力，N；

α——侧型芯成形部分的脱模斜度，rad。

列出力平衡方程式 $\qquad \sum F_x = 0 \qquad$ 则

$$F_1\cos\alpha - F_C - F_B\sin\alpha = 0$$

将式（8 - 1）代入上式，并取 $F_B = pA$ 得

$$F_C = \frac{pA(\mu\cos\alpha - \sin\alpha)}{1 + \mu\sin\alpha\cdot\cos\alpha} = \frac{Clp(\mu\cos\alpha - \sin\alpha)}{1 + \mu\sin\alpha\cdot\cos\alpha} \qquad (8-2)$$

式中　p——挤压应力（单位面积的包紧力），Pa，各种合金的挤压应力见式（7 - 1）的注释；

A——压铸件包络侧型芯的侧面积，m^2；

C——被压铸件包络的侧型芯成形部分截面的周长，m；

l——被压铸件包络的侧型芯成形部分的长度，m。

（2）抽芯力查图估算　按式（8 - 2）取挤压应力和摩擦系数的较大值，做出镁合金、锌合金、铝合金和铜合金压铸时的抽芯力查用图，如图 8 - 3 所示。

侧型芯成形部分的截面可以是圆形，也可以是其他形状。查表时，先查出长度为 10 mm 的抽芯力，然后乘以实际侧型芯长度是 10 mm 的倍数，即为总的抽芯力。这样可以简化设计时的计算。

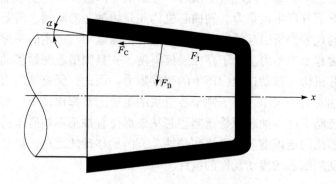

图 8 – 2　抽芯力分析图

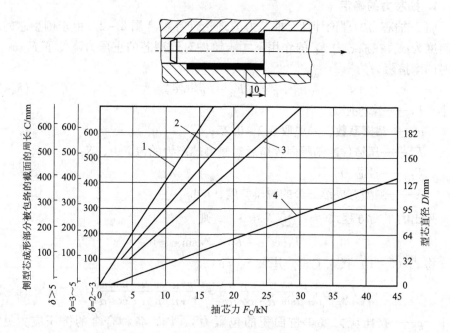

图 8 – 3　侧型芯长度为 10 mm 时的抽芯力查用图
1—镁合金；2—锌合金；3—铝合金；4—铜合金；
δ—压铸件包络侧型芯处的壁厚尺寸，mm

2. 影响抽芯力的因素

影响抽芯力大小的因素很多，也很复杂，与压铸件脱模时影响其推出力大小的因素相似，归纳起来有以下几个方面。

（1）成形压铸件侧向凹凸形状的表面积愈大，或被金属液包络的侧型芯表面积愈大，包络表面的几何形状愈复杂，所需的抽芯力愈大。

（2）包络侧型芯部分的压铸件壁厚愈大，金属液的凝固收缩率愈大，对侧型芯的包紧力愈大，所需的抽芯力也愈大。

（3）同一侧抽芯机构上抽出的侧型芯数量增多，则压铸件除了对每个侧型芯产生包紧力之外，型芯与型芯之间由于金属液的冷却收缩产生的应力使抽芯阻力增大。

（4）侧型芯成形部分的脱模斜度愈大，表面粗糙度愈低，且加工纹路与抽芯方向一致，则可以减小抽芯力。

（5）压铸工艺对抽芯力也有影响。压射比压增大，对侧型芯的包紧力增大，则抽芯力增大；压射结束后的保压时间愈长，愈增加压铸件的致密性，但线收缩大，需增大抽芯力；压铸件保压结束后在模内停留的时间增长，对侧型芯的包紧力增大，抽芯力增大；压铸时模温愈高，压铸件收缩愈小，包紧力也愈小，抽芯力减小；模具喷刷涂料，压铸件与侧型芯的黏附减少，抽芯力减小。

（6）压铸合金化学成分不同，线收缩率也不同，也会直接影响抽芯力的大小。另外，粘模倾向大的合金，也会增大抽芯力。

8.2.2 抽芯距的确定

侧抽芯机构抽芯结束后，侧型芯应完全脱离压铸件对应处的成形表面，并且在推出机构工作时，压铸件能顺利地脱模。抽芯距太短，会使脱模困难；抽芯距太长，会使模具尺寸增大，造成不必要的材料和加工浪费。在一般的情况下，抽芯距应为

$$s = s' + (3 \sim 5)\,\text{mm} \qquad (8-3)$$

式中　s——抽芯距，mm；

　　　s'——侧孔或侧凹的深度，mm。

当压铸件的结构比较特殊时，如压铸件外形为圆形并用二等分滑块侧抽芯时（见图8-4），则其抽芯距为

$$s = \sqrt{R^2 - r^2} + (3 \sim 5)\,\text{mm}$$
$$(8-4)$$

式中　R——外形最大圆的半径，mm；

　　　r——阻碍压铸件脱模的外形最小圆半径，mm。

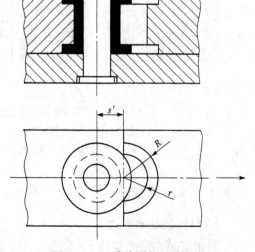

图8-4　二等分滑块的抽芯距

※　**8.3　斜销侧向抽芯机构**　※

8.3.1　斜销侧抽芯机构的组成与工作原理

在所有的侧抽芯机构中，斜销侧抽芯机构应用最为广泛，其结构组成如图8－5所示。它是由侧型芯10（成形元件）、带动侧型芯在动模套板12的导滑槽内作抽芯运动和复位运动的侧滑块3（运动元件）、固定在定模套板1内与合模方向成一定角度的斜销4（传动元件）、压铸时防止侧型芯和侧滑块产生位移的楔紧块5（锁紧元件）和使侧滑块在抽芯结束后准确定位的限位挡块8，拉杆6、弹簧7及垫圈螺母等零件组成的限位机构（限位元件）。

图8－5（a）为压射结束时的合模状态，侧滑块3由楔紧块5锁紧；开模时，动模部分向后移动，压铸件包在凸模上随着动模一起移动，在斜销4的作用下，侧滑块3带动侧型芯10在动模套板的导滑槽内向外侧作抽芯运动，如图8－5（b）所示；侧抽芯结束时，斜销脱离侧滑块，侧滑块在弹簧7的作用下拉紧在限位挡块8上，以便再次合模时斜销能准确地插入到侧滑块的斜导孔中，迫使其复位，如图8－5（c）所示。

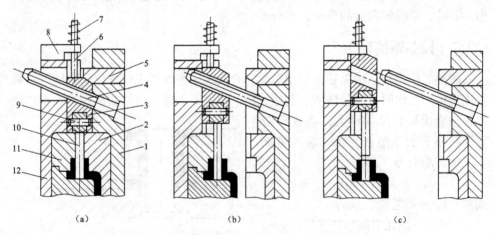

（a）　　　　　　　　　　（b）　　　　　　　　　　（c）

图8－5　斜销侧抽芯机构

1—定模套板；2—定模镶块；3—侧滑块；4—斜销；5—楔紧块；
6—拉杆；7—弹簧；8—挡块；9—圆柱销；10—侧型芯；11—动模镶块；12—动模套板

8.3.2　斜销的设计

1. 斜销的基本形式

斜销的基本形式如图8－6所示。L_1 为固定于模套内的部分，与模套内的安装孔采取 H7/m6 的过渡配合固定，L_2 为完成抽芯所需工作部分的长度，α 为斜销的倾斜角，L_3 为斜销端部具有斜角 β 部分的长度，β 为使合模时斜销能顺利插入到侧滑块斜导孔内而设计，β 角度常取比 α 大 2°~3°（如果 $\beta < \alpha$，则 L_3 部分会参与侧抽芯，使抽芯尺寸难以确定）。侧滑块与斜销的工作部分常采用 H11/b11 配合或留有 0.5~1 mm 左右的间隙。为了减少斜销工作时的摩擦阻力，将斜销工作部分长度的两侧铣削成宽度为 B（$B \approx 0.8 d$）的两个平面。

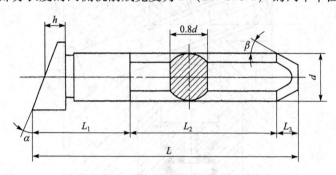

图 8-6　斜销的基本形式

2. 斜销倾斜角的选择

斜销倾斜角 α 的选择，与抽芯距和斜销的长度有关，它决定着斜销的受力情况。从研究可知，当抽芯阻力一定时，倾斜角 α 增大，斜销受到的弯曲力增大，为完成抽芯所需的开模行程减小，斜销有效工作长度也减小。

综上所述，从斜销的受力情况方面考虑，希望 α 值取小一些；从减小斜销长度方面考虑，又希望 α 值取大一些。因此，斜销倾斜角 α 值的确定应综合考虑，一般 α 取 10°~20°，最大不超过 25°。

3. 斜销直径的计算

斜销直径 d 的大小取决于它所受的最大弯曲力 F_W，从图 8-7 中可以看出，斜销承受的最大弯矩 M 可由下式计算

$$M = F_W H \tag{8-5}$$

式中　M——斜销承受的最大弯矩，N·m；

　　　F_W——斜销受到的最大弯曲力，N；

　　　H——斜销受力点到固定端的距离，m。

根据材料力学弯曲应力的计算公式

$$\sigma_w = \frac{M}{W} \leqslant [\sigma_w] \tag{8-6}$$

式中　σ_w——斜销所受的弯曲应力，Pa；

　　　$[\sigma_w]$——许用弯曲应力，Pa，钢取 300×10^6 Pa；

　　　W——抗弯截面系数，对于圆形截面，

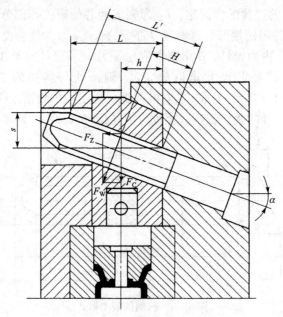

图8-7　斜销受力图

α—斜销倾斜角；s—抽芯距离；F_C—抽芯力；F_W—斜销抽芯时受到的弯曲力；

F_Z—开模阻力；H—斜销受力点距离；h—斜销受力点垂直距离

$$W = \frac{1}{32}\pi d^3 \approx 0.1\, d^3 \tag{8-7}$$

由式（8-5）、式（8-6）和式（8-7）可得

$$d = \sqrt[3]{\frac{F_W H}{0.1\,[\sigma_w]}} \tag{8-8}$$

将 $F_W = F_C/\cos\alpha$、$H = h/\cos\alpha$ 代入上式得

$$d = \sqrt[3]{\frac{10 F_C h}{[\sigma_w]\cos^2\alpha}} \tag{8-9}$$

式中　　d——斜销直径，m；

　　　　F_C——抽芯力，N；

　　　　h——斜销受力点至固定端的垂直距离，m；

　　　　α——斜销倾斜角，rad。

　　由上述可知，计算斜销直径时，必须根据抽芯力 F_C 及选定的斜销倾斜角 α 计算出斜销所受的最大弯曲力，然后再计算出斜销的直径，计算步骤较烦琐。为了简化计算，根据计算公式分别作出表8-1和表8-2，设计时先根据已求得的抽芯力 F_C 和选定的斜销倾斜角 α 在表8-1中查出最大弯曲力 F_W，然后根据 F_W 和 h 以及斜销倾斜角 α 在表8-2中查出斜销的直径 d。

表 8-1 斜销倾斜角 α、抽芯力 F_C 与最大弯曲力 F_w 的关系

最大弯曲力 F_W/N	斜销倾斜角 α					
	10°	15°	18°	20°	22°	25°
	抽芯力 F_C/N					
1 000	980	960	950	940	930	910
2 000	1 970	1 930	1 900	1 880	1 850	1 810
3 000	2 950	2 890	2 850	2 820	2 780	2 720
4 000	3 940	3 860	3 800	3 760	3 700	3 630
5 000	4 920	4 820	4 750	4 700	4 630	4 530
6 000	5 910	5 790	5 700	5 640	5 560	5 440
7 000	6 890	6 750	6 650	6 580	6 500	6 340
8 000	7 880	7 720	7 600	7 520	7 410	7 250
9 000	8 860	8 680	8 550	8 460	8 340	8 160
10 000	9 850	9 650	9 500	9 400	9 270	9 060
11 000	10 830	10 610	10 450	10 340	10 190	9 970
12 000	11 820	11 580	11 400	11 280	11 120	10 880
13 000	12 800	12 540	12 350	12 220	12 050	1 1 780
14 000	13 790	13 510	13 300	13 160	12 970	12 680
15 000	14 770	14 470	14 250	14 100	13 900	13 950
16 000	15 760	15 440	15 200	15 040	14 830	14 500
17 000	16 740	16 400	16 150	15 980	15 770	15 410
18 000	17 730	17 370	17 100	16 920	16 640	16 310
19 000	18 710	18 830	18 050	17 860	17 610	17 220
20 000	19 700	19 300	19 000	18 800	18 540	18 130
21 000	20 680	20 260	19 950	19 740	19 470	19 030
22 000	21 670	21 230	20 900	20 680	120 400	19 940
23 000	22 650	22 190	21 850	21 620	21 330	20 840
24 000	23 640	23 160	22 800	22 560	22 250	21 750
25 000	24 620	24 120	23 750	23 500	23 180	22 660
26 000	25 610	25 090	24 700	24 440	24 110	23 560
27 000	26 590	26 050	25 650	25 380	25 030	24 700
28 000	27 580	27 020	26 600	26 320	25 960	25 380
29 000	28 560	27 980	27 550	27 260	28 960	26 280
30 000	29 550	28 950	28 500	28 200	27 830	27 190
31 000	30 530	29 910	29 450	29 140	28 740	28 100

续表

最大弯曲力 F_W/N	斜销倾斜角 α					
	10°	15°	18°	20°	22°	25°
	抽芯力 F_C/N					
32 000	31 520	30 880	30 400	30 080	29 670	29 000
33 000	32 500	31 840	31 350	31 020	30 600	29 910
34 000	33 490	32 810	32 300	31 960	31 520	30 810
35 000	34 470	33 710	33 250	32 900	32 420	31 720
36 000	35 460	34 740	34 200	33 840	33 380	32 630
37 000	36 440	37 500	35 150	34 780	34 310	33 530
38 000	37 430	36 670	36 100	35 720	35 230	34 440
39 000	38 410	37 630	37 050	36 660	36 160	35 350
40 000	30 400	38 600	38 000	37 600	37 090	36 250

表 8-2　最大弯曲力 F_W、受力点垂直距离 h 和斜销直径 d 的关系

10°~15°	h/mm	最大弯曲力 F_W/kN																													
		1	2	3	4	5	6	7	8	9	10	11	12	13	14	15	16	17	18	19	20	21	22	23	24	25	26	27	28	29	30
		斜销直径 d/mm																													
10°~15°	20	10	12	14	14	16	16	18	18	20	20	20	22	22	22	22	24	24	24	24	24	24	26	26	26	26	28	28	28	28	28
	30	12	14	14	16	18	20	20	22	22	24	24	24	24	26	26	26	28	28	28	30	30	30	30	30	30	32	32	32	32	32
	40	12	14	16	18	20	22	22	24	24	26	26	28	28	28	30	30	30	30	32	32	32	32	34	34	34	34	34	36	36	36
18°~20°	20	10	12	14	16	16	18	18	20	20	20	22	22	22	22	24	24	24	24	26	26	26	28	28	28	28	28	28	28	28	28
	30	12	14	16	18	20	20	22	22	24	24	24	26	26	26	28	28	28	30	30	30	30	30	32	32	32	32	32	32	32	32
	40	12	16	18	20	22	22	24	24	26	26	28	28	28	30	30	30	30	32	32	32	32	34	34	34	34	36	36	36	36	36
22°~25°	20	10	12	14	16	16	18	18	20	22	22	22	22	24	24	24	24	26	26	26	28	28	28	28	28	28	28	28	28	28	30
	30	12	14	16	18	20	22	22	24	24	24	26	26	28	28	28	30	30	30	30	30	30	32	32	34	34	32	34	34	32	34
	40	14	16	18	18	20	22	24	24	26	26	28	28	28	30	30	30	32	32	32	32	34	34	34	34	34	36	36			

注：1. 按式（8-2）求出抽芯力，选定斜销倾斜角后查表 8-1，得到斜销所受的最大弯曲力；

2. 按所查出的斜销最大弯曲力、选定的斜销倾斜角和斜销受力点垂直距离，查表 8-2 得到斜销直径；

3. 查表时，如已知值在两档数字之间，为安全计一般取最大的一档数字。

4. 斜销长度的确定

斜销的总长度 L 可根据抽芯距 s、固定端模套的厚度 H、斜销直径 d 以及所采用的倾斜角 α 来确定，如图 8 - 8 所示。

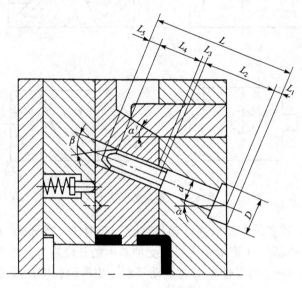

图 8 - 8 斜销尺寸的计算

斜销总长度的计算公式为

$$L = L_1 + L_2 + L_3 + L_4 + L_5$$
$$= \frac{D}{2}\tan\alpha + \frac{H}{\cos\alpha} + \frac{d}{2}\tan\alpha + \frac{s}{\sin\alpha} + (5\sim10)\,\mathrm{mm} \qquad (8-10)$$

式中　D——斜销固定端台阶的直径，mm。

8.3.3　侧滑块及导滑槽的设计

1. 侧滑块的设计

在侧抽芯机构中，侧滑块的形式基本相同，使用最广泛的是 T 形滑块，如图 8 - 9 所示。在图 8 - 9 （a） 所示的形式中，T 形设计在滑块的底部，用于较薄的滑块，侧型芯的中心与 T 形导滑面较近，抽芯时滑块稳定性较好；在图 8 - 9 （b） 所示的形式中，T 形导滑面设计在滑块的中间，适用于较厚的滑块，使侧型芯的中心尽量靠近 T 形导滑面，以提高抽芯时滑块的稳定性。

侧滑块的主要尺寸与配合如图 8 - 10 所示，其宽度尺寸 C 和高度尺寸 B 是按侧型芯外径最大尺寸 d 或斜销孔的直径 D 以及斜销的受力情况等设计需要确定的，通常至少比 d 或 D 大 10～30 mm；尺寸 B_1 是侧型芯中心到滑块底面的距离。抽单个型芯时，使型芯中心在滑块 B、C 的中心。抽多个型芯时，活动中心应是各侧型芯抽芯力的中心，此中心最好也应在滑块 B、C 的中心；尺寸 B_2 是 T 形

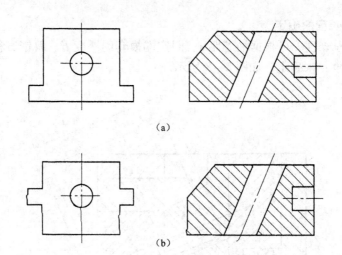

图8-9　滑块的基本形式

滑块导滑部分的厚度，为使滑块运动平稳，一般取10～25 mm；尺寸B_3是T形滑块导滑部分的宽度，T形滑块主要承受抽芯中的开模阻力，应有一定的强度要求，常取6～10 mm；为了使抽芯时运动平稳，侧滑块长度尺寸L应大于高度尺寸B，长度尺寸L与宽度尺寸C的关系最好应满足$L \geqslant 1.5\ C$。

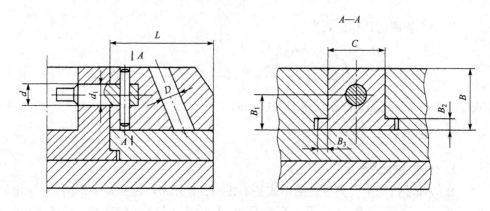

图8-10　侧滑块的尺寸

　　在侧滑块中安装着侧型芯，侧型芯在侧滑块中的固定配合为：圆形采用H7/h6，非圆形采用H8/h6。侧型芯在镶块中尺寸d_1的滑动配合，压铸锌合金时为H7/f7，压铸铝合金时为H7/e8；压铸铜合金时为H7/d8。而侧滑块在导滑槽内的滑动配合一般要比侧型芯在镶块中的配合略为松些，通常压铸锌合金和铝合金时尺寸C和尺寸B_2的配合为H9/f9。

2. 导滑槽的结构

　　模具工作时，侧滑块是在导滑槽内滑动的，导滑槽的结构形式如图8-11所示。图8-11（a）为整体式，其特点是：强度高，稳定性好，但导滑部分磨损后修正困难，用于较小的滑块；图8-11（b）、（c）为滑块与导滑件组合的形式，其特点是：导滑部分磨损后可以修正，加工方便，用于中型滑块；图8-11（d）、（e）为压块与模板用销钉定位螺钉连接，在模板上形成导滑槽的形式，压块可通过热处理提高耐磨性，加工方便，也易更换。

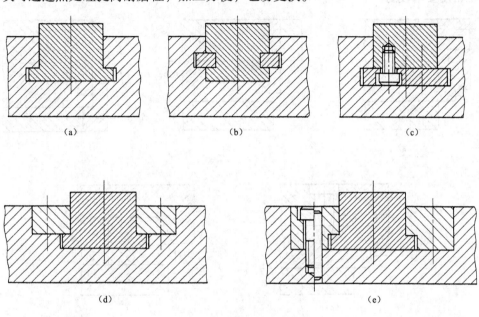

图8-11 导滑槽的结构形式

侧滑块在导滑槽内运动时，不能产生偏斜，这就要求滑块在完成抽芯动作后，留在导滑槽内部的长度不少于滑块总长度的2/3，否则在滑块开始复位时，易产生偏斜、卡死而损坏模具。为了减小滑块与导滑槽之间的磨损，滑块与导滑槽均应有足够的硬度，一般滑块的硬度为50~54 HRC；导滑槽的硬度可要求更高一些。

8.3.4 楔紧块的设计

压铸时，型腔内的金属液以很高的成形压力作用在侧型芯上，从而使滑块后退产生位移，滑块的后移将力作用到斜销上，导致斜销产生弯曲变形，滑块的后移也会影响压铸件的尺寸精度。所以，合模压铸时，必须要设置锁紧装置以锁紧滑块，常用的锁紧装置为楔紧块，如图8-12所示。图8-12（a）为楔紧块用销钉定位，用螺钉固定于模板上的形式，这种形式制造装配简单，但刚性较差，仅用于侧向压力较小的场合；图8-12（b）为楔紧块固定于模套内的形式，这种形式提高了楔紧强度和刚度，用于侧向压力较大的场合；图8-12（c）、（d）

为双重楔紧的形式，前者用辅助楔紧块将主楔紧块楔紧，后者采用楔紧锥与楔紧块双重楔紧；图8-12（e）为整体式楔紧的形式，在模套上制出楔紧块，其特点是楔紧块刚度好，滑块即使受到强大的楔紧力也不易移动，这种形式用于侧向压力特别大的场合，但材料消耗较大，并因套板不经热处理，表面硬度较低，加工精度要求较高。

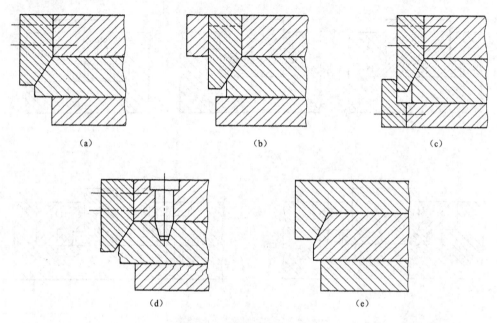

图8-12　楔紧块的结构形式

在设计楔紧块时，楔紧块的斜角亦称楔紧角 α'（见图8-8），α' 应大于斜销的倾斜角 α，一般情况下，楔紧角 α' 的选择方法为

$$\alpha' = \alpha + (3° \sim 5°) \tag{8-11}$$

这样开模时，楔紧块很快离开侧滑块的压紧面，避免楔紧块与侧滑块间产生摩擦。合模时，在接近合模终点时，楔紧块才接触侧滑块并最终压紧滑块，使斜销与侧滑块上的斜导孔壁脱离接触，以免压铸时斜销受力弯曲变形。

8.3.5　侧滑块的限位装置

斜销与侧滑块分别位于模具动、定模两侧的侧抽芯机构中，开模抽芯后，滑块必须停留在刚脱离斜销的位置上，以便合模时斜销能准确地插入到侧滑块上的斜导孔中，因此必须设计侧滑块的限位装置，以保证侧滑块脱离斜销后，可靠地停留在正确的位置上。常用的侧滑块限位装置如图8-13所示。图8-13（a）为常用的结构形式，特别适合于侧滑块向上抽芯的情况。侧滑块向上抽出脱离斜销后，依靠弹簧的弹力，使侧滑块紧贴于限位挡块的下方，设计时，弹簧的弹力要超过侧滑块的重力，限位距离 L 应比抽芯距 s 大 1 mm 左右；图 8 – 13 （b） 所示是弹簧置于侧滑块内侧的结构，适合于侧抽芯距离较短的场合；图 8 – 13 （c） 的形式适合于侧滑块向下运动的情况，抽芯结束后，侧滑块靠自重下落到限位挡块上定位，与图 8 – 13 （a） 相比较，省去了螺钉、拉杆、弹簧等零件，结构简单；图 8 – 13 （d） 是弹簧顶销机构，其结构简单，适合于水平方向侧抽芯的场合。

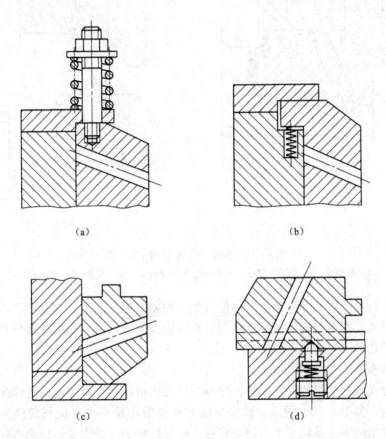

（a）　　　　　　　　　　（b）

（c）　　　　　　　　　　（d）

图 8 – 13　侧滑块的限位装置

8.3.6　预复位机构的设计

在斜销侧抽芯的应用形式中，以斜销固定在定模，侧滑块型芯安装在动模的结构最为常用。但在这种结构中，如果于侧型芯在分型面的投影面内设计推杆，则采用复位杆复位时，就有可能发生滑块的复位先于推杆的复位，从而发生侧滑块上的侧型芯与推杆相撞的现象，这种现象称为"干涉"现象，如图 8 – 14 所示。图 8 – 14 （a） 为合模状态，在侧滑块型芯 2 的投影面下设有推杆 4；

图8-14（b）为合模过程中斜销刚插入到侧滑块上的斜导孔中，使侧型芯向右边复位的状态，此时模具的复位杆还尚未使推杆复位，这时就会发生侧型芯与推杆相碰撞的干涉现象。

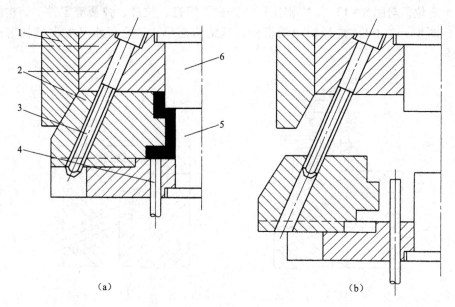

（a）　　　　　　　　　　　　　（b）

图8-14　侧型芯与推杆的干涉现象
1—楔紧块；2—侧滑块型芯；3—斜销；4—推杆；5—动模型芯；6—定模型芯

　　为了防止产生干涉现象，应尽量避免于侧型芯在分型面上的投影面内设置推杆，否则就必须采用推杆预复位机构。在压铸模的设计中，常用的推杆预复位机构有以下几种。

1. 弹簧预复位机构

　　弹簧式预复位机构是利用弹簧的弹力使推出机构在合模之前进行预先复位的一种机构，如图8-15所示。弹簧被压缩地安装在推杆固定板与动模支承板之间，最常用的形式是将4个弹簧安装在4根复位杆上。因为复位杆均布在推杆固定板的四周，预复位时，推杆固定板因受到均匀的弹力而使预复位过程顺利进行。开模时，压铸件包在凸模上随动模一起后退，同时在斜销作用下开始侧抽芯，侧抽芯结束后，动模部分继续后退，直至开模行程结束。接着，推出机构开始工作，压铸机上的顶杆顶动推板，弹簧进一步压缩，直至推杆推出压铸件。一旦开始合模，当压铸机顶杆与模具上的推板脱离接触时，在弹簧的回复力作用下，推杆迅速复位，并在斜销尚未驱动侧型芯滑块复位之前推杆便复位结束，因此避免了与侧型芯的干涉。

　　弹簧预复位机构结构简单，安装方便，所以模具设计者较常采用这种复位机构，但弹簧的力量较小，而且容易疲劳失效，可靠性会差一些，一般只适合于复位力不大的场合，并需要定期检查和更换弹簧。另外一个值得注意的问题是在弹簧预复位机构中，复位杆必须设置，它被用来作为推杆的精确复位。

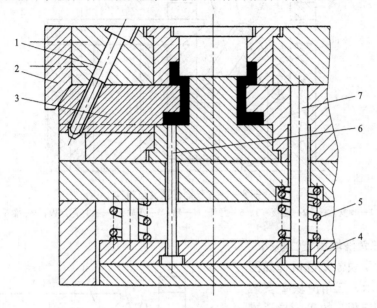

图 8 – 15　弹簧预复位机构

1—斜销；2—楔紧块；3—侧滑块型芯；4—推杆固定板；5—弹簧；6—推杆；7—复位杆

2. 摆杆式预复位机构

摆杆预复位机构如图 8 – 16 所示，摆杆 6 一端用轴 7 固定在支承板上，另一端装有滚轮 3。合模时，预复位杆 2 推动摆杆 6 上的滚轮 3，使摆杆 6 绕轴 7 作逆时针方向旋转，从而推动推杆固定板 4 带动推杆 1 预复位。这种预复位机构适合于在推出距离较大时使用。为防止磨损，在推杆固定板上与滚轮接触处固定有淬过火的垫块 5。

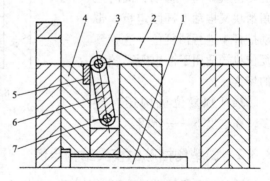

图 8 – 16　摆杆预复位机构

1—推杆；2—预复位杆；3—滚轮；
4—推杆固定板；5—垫块；6—摆杆；7—轴

3. 双摆杆预复位机构

双摆杆预复位机构如图 8 – 17 所示，摆杆 3 和摆杆 6 分别固定在动模支承板后的垫板 2 和推杆固定板 7 上，且两摆杆的另一端用轴 4 和滚轮 5 连接起来。合模时，预复位杆 1 头部的斜面与双摆杆端部的滚轮 5 作用，使两摆杆张开，从而推动推杆固定板 7 带动推杆 8 进行预复位。双摆杆预复位机构适合于推出距离特别长的场合。

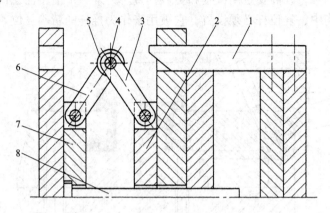

图8-17　双摆杆预复位机构

1—预复位杆；2—垫板；3、6—摆杆；4—轴；5—滚轮；7—推杆固定板；8—推杆

4. 三角滑块预复位机构

三角滑块预复位机构如图8-18所示，三角滑块2安装在推杆固定板3的T形导滑槽内。合模时，预复位杆1推动三角滑块2向下移动，同时三角滑块又推动推杆固定板3带动推杆4进行预复位。这种预复位机构适用于推出距离较小的场合。

推杆预复位机构还有许多，在这里不一一介绍。

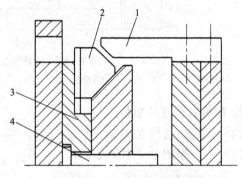

图8-18　三角滑块预复位机构

1—预复位杆；2—三角滑块；3—推杆固定板；4—推杆

8.3.7　斜销侧抽芯的模具结构示例

图8-19所示为斜销固定在定模、侧滑块安装在动模部分的压铸模结构。斜销6固定在定模座板7的上部，侧滑块4安装在动模套板3的导滑槽内。开模时，动模向后移动，楔紧块5脱离侧滑块4，压铸件包在凸模12上与动模一起后移，浇注系统的直浇道凝料在压射冲头继续向前推动下脱出浇口套15，留在动模，同时，在斜销6的作用下，侧滑块带动侧型芯10进行侧抽芯。侧抽芯结束时，侧滑块在弹簧、拉杆、限位挡块组成的限位装置作用下紧靠在限位挡块17上定位。最后推出机构工作，推杆1将压铸件从凸模上推出，浇道推杆14把浇注系统凝料从动模部分推出。合模时，复位杆使推出机构复位，斜销插入到侧滑块孔中使滑块复位，楔紧块将其楔紧。这种形式的斜销侧抽芯机构的压铸模实际

应用最为广泛。

除了斜销固定在定模、侧滑块安装在动模的结构形式外，还有斜销固定在动模、侧滑块安装在定模、斜销与侧滑块同时安装在定模、斜销与侧滑块同时安装在动模等斜销侧抽芯的结构形式，在这里不一一举例。

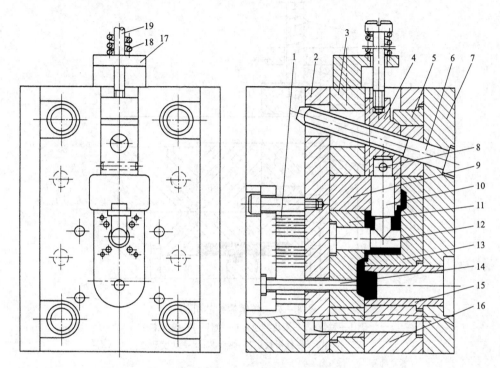

图 8-19 斜销固定在定模、侧滑块安装在动模的结构

1—推杆；2—支承板；3—动模套板；4—侧滑块；5—楔紧块；6—斜销；7—定模座板；8—圆柱销；

9、11—动模镶块；10—侧型芯；12—凸模；13—定模镶块；14—浇道推杆；

15—浇口套；16—定模套板；17—限位挡块；18—弹簧；19—拉杆

⊗ 8.4 弯销侧抽芯机构 ⊗

在斜销侧抽芯机构中，如果用截面是矩形的弯销代替斜销，这就成了弯销侧抽芯机构。

8.4.1 弯销侧抽芯机构的结构特点

弯销侧抽芯机构如图 8-20 所示。压射结束开模时，动模部分向后移动，压铸件包紧在动模型芯 8 上，同时也受到安装在动模部分侧型芯的作用，随着动模一起移动，当弯销 5 的工作斜面与侧滑块 6 上的斜面接触时，侧抽芯开始。抽芯结束时，滑块在弹簧 1 的作用下紧靠限位挡块 2。推出机构（图中尚未画出）开始工作，将压铸件从动模型芯 8 上推出。

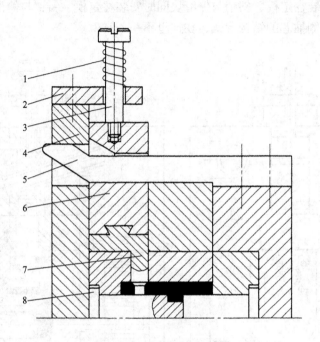

图 8 - 20　弯销侧抽芯机构
1—弹簧；2—限位挡块；3—拉杆；4—支承板；
5—弯销；6—侧滑块；7—侧型芯；8—动模型芯

与斜销侧抽芯机构相比，弯销侧抽芯机构有如下特点。

（1）由于弯销是矩形截面，能承受较大的弯矩，因此弯销的倾斜角 α 可在小于 30° 内合理选取。

（2）弯销的各段可以加工成不同的斜度（包括直段），因此可根据实际需要随时改变抽芯速度和抽芯力或实现延时抽芯。如开模之初可采用较小的斜度，以获得较大的抽芯力，然后采用较大的斜度以获得较大的抽芯距。当弯销做出不同斜度的各段时，弯销孔也应做成对应的几段与之配合。一般配合间隙可取 0.5 mm 或更大，以免弯销在孔内卡死，如图 8 - 21 所示。也可以在侧滑块的滑孔内设置滚轮，与弯销形成滚动摩擦，以适应弯销的角度变化和减小摩擦力，如图 8 - 22 所示，先以 15° 小角度抽出 s_1，再以 30° 大角度抽出 s_2，这样总的侧向抽出距离 s。

（3）弯销侧抽芯机构的缺点是弯销制造较困难，花费工时较多。

弯销侧抽芯机构与斜销侧抽芯机构一样，设计时要注意侧滑块的导滑、侧滑块合模时的楔紧和侧滑块脱离弯销时的限位等三大要素。

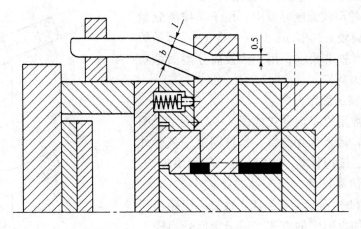

图 8 – 21 变角度弯销侧抽芯的配合

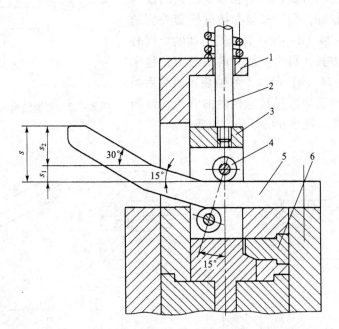

图 8 – 22 变角度弯销与滚轮相配合的侧抽芯机构
1—限位挡块；2—拉杆；3—侧滑块；4—滚轮；5—变角度弯销；6—楔紧块

8.4.2 弯销的结构形式与固定方式

1. 弯销结构的基本形式

弯销结构的基本形式如图 8 – 23 所示。图 8 – 23（a）所示的形式刚性和受

力情况比斜销好，但制造费用较大；图8-23
（b）所示的形式无延时要求，用于抽拔离分型
面垂直距离较近的型芯；图8-23（c）所示的
形式有延时抽芯要求，用于抽拔离分型面垂直
距离较远的型芯。

2. 弯销的固定方式

弯销常用的固定方式如图8-24所示。图
8-24（a）所示为用螺钉、销钉固定于模套外
侧的方式，结构紧凑，装配方便，但滑块较长，
螺钉受拉伸易松动，用于抽芯距较小的场合；
图8-24（b）所示为弯销插入模套一段距离后
再用螺钉加以固定的方式，用于弯销受力较大
的场合；图8-24（c）所示为弯销插入模套，
再用销钉定位的方式，弯销能承受较大的抽芯
力，稳定性较好，用于安装在接近模套外侧的
场合；图8-24（d）所示为弯销与辅助块同时
压入模套的方式，可承受较大的抽芯力，稳定
性好；图8-24（e）所示为弯销装入模套后插
入定位销，然后装入模具座板内的方式，该固
定方式较简单，能承受的弯曲力也较大。

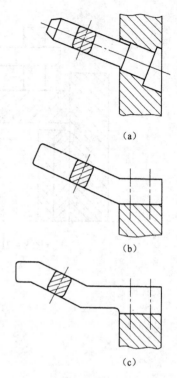

图8-23　弯销结构的基本形式

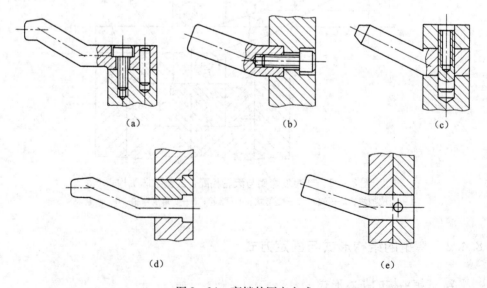

图8-24　弯销的固定方式

8.4.3 弯销侧抽芯的模具结构示例

1. 弯销的外侧抽芯压铸模

图 8-25 所示为弯销外侧抽芯的模具。支座 15、弯销 2 和导柱固定在动模支承板 9 上，摆钩 14 用转轴固定于型芯固定板 8 上，合模时，模具采用楔紧块 1 和 4 对侧型芯滑块 3 进行双重锁紧。开模时，由于摆钩 14 钩住定模套板 13 的作用，使分型面 A 首先分型，当动模向后移动时，带动弯销 2 以及滚轮 16 一起运动，在弯销 2 的作用下，使侧型芯滑块 3 作侧向抽芯，侧抽芯结束，由于滚轮 16 的作用使摆钩 14 脱钩，同时限位螺钉 6 限制了支承板 9 的移动距离，此时 A 分

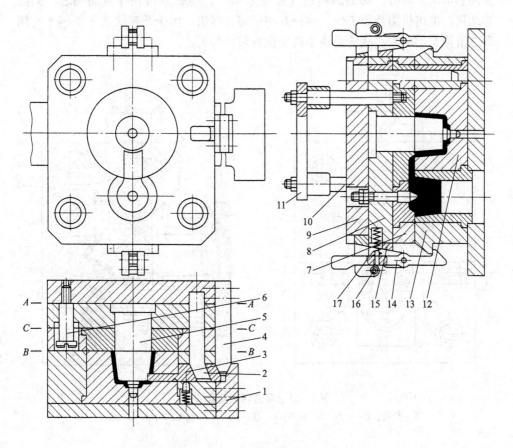

图 8-25 弯销外侧抽芯压铸模

1、4—楔紧块；2—弯销；3—侧型芯滑块；5—型芯；6—限位螺钉；7—推件板；

8—型芯固定板；9—支承板；10—推板导柱；11—推板；

12—定模镶块；13—定模套板；14—摆钩；

15—支座；16—滚轮；17—弹簧

型面分型结束。动模部分继续向后移动，因压铸件冷却凝固收缩后包紧在型芯5上，使分型面 C 暂不分型，于是 B 分型面分型，压铸件从定模镶块12 内脱出。最后推出机构开始工作，使模具从 C 分型面分型，推件板7 将压铸件从型芯5 上脱下。

2. 弯销两次复合抽芯压铸模

图 8-26 所示为弯销两次复合抽芯模具的结构。压铸件上有一倾角为30°的侧凹，但由于侧凹较浅，所以采用弯销、斜销复合抽芯的结构。模具上侧采用弯销 2 驱动固定有斜销 3 的滑块 1，从而斜销带动侧型芯滑块进行30°方向的侧抽芯。开模时，弯销 2 驱动滑块 1 和滑动镶块 4，再带动斜销 3，使侧型芯滑块作侧抽芯运动。同时，两侧的斜销（图中未画出）也带动滑块作侧向抽芯，侧抽芯结束，推出机构开始工作，推杆 6 将压铸件推出。由于开模状态下斜销 3 与侧型芯滑块 5 不脱离，故该滑块不需要设置限位装置。

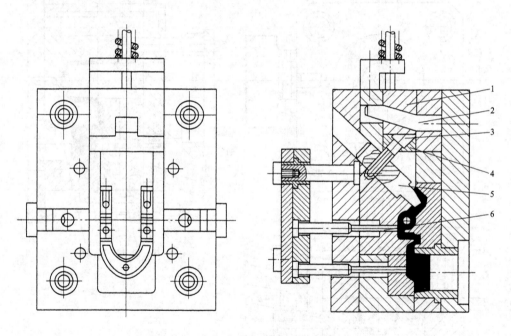

图 8-26 弯销两次复合抽芯
1—滑块；2—弯销；3—斜销；4—滑动镶块；5—侧型芯滑块；6—推杆

⊗ 8.5 斜滑块侧抽芯机构 ⊗

斜滑块侧向抽芯机构的典型结构是成形压铸件的滑块利用推出机构的工作使其在与合模方向成一定角度的导滑槽内向前移动，进行脱模的同时作侧向分型或侧向抽芯。

8.5.1 斜滑块侧抽芯机构的结构特点

斜滑块侧抽芯机构如图 8 – 27 所示，该模具使用于立式冷压室压铸机。图 8 – 27（a）为压铸结束时的合模状态。开模时，压铸机的移动模板带动动模部分向后移动，压铸件包在动模型芯 3 上一起随动模移动，浇口凝料从浇口套 9 中拉出，开模结束，推出机构开始工作，斜滑块 4 在推杆 5 的推动下向右移动的同时，在动模套板 8 的导滑槽内向外侧移动作侧向抽芯，压铸件在斜滑块的作用下从型芯 3 上脱出，如图 8 – 27（b）所示；合模时，动模部分向前移动，斜滑块的右端面首先与定模的分型面接触，使其在动模模套内复位（推出机构同时复位），直至模具闭合。

与其他形式的侧抽芯机构相比较，斜滑块侧抽芯机构有以下特点。

（1）斜滑块侧抽芯机构的侧向抽芯与压铸件从动模型芯上的脱模同时进行。

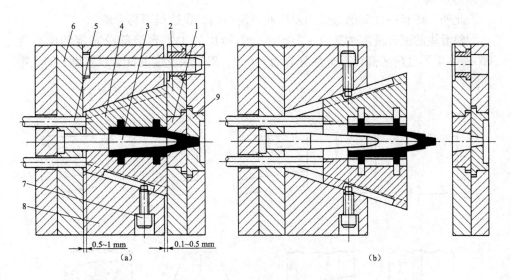

图 8 – 27 斜滑块侧抽芯机构
1—定模镶块；2—定模套板；3—型芯；4—斜滑块；5—推杆；
6—型芯固定板；7—限位螺销；8—动模套板；9—浇口套

（2）斜滑块侧抽芯机构强度高、刚度好，因此倾斜角 α 可适当加大，但一般不应超过 30°。

（3）斜滑块侧抽芯机构的抽芯距不能太长，否则使动模的模套很厚，而且推出距离也很长。

（4）合模后的锁紧力压紧在斜滑块上，在套板上产生一定的预应力，使各斜滑块侧向分型面间具有良好的密封性，可防止压铸时金属液进入滑块间隙中形成飞边，影响压铸件的尺寸精度。

（5）与其他侧抽芯机构相比较，斜滑块侧向抽芯机构的结构简单。

8.5.2 斜滑块导滑的基本形式及配合精度

常用斜滑块导滑的基本形式如图 8 - 28 所示。图 8 - 28（a）所示的形式是斜滑块在 T 形槽内导滑的形式，是最常用的一种结构，可以制成直角 T 形槽，也可以制成圆角 T 形槽。该形式适用于抽芯力和倾斜角较大的场合，导向部分牢固可靠，但 T 形槽部分的加工工作量较大；图 8 - 28（b）所示为在燕尾槽内导滑的形式；图 8 - 28（c）所示为双圆柱销导滑的形式，导滑部分加工方便，用于多块斜滑块的侧抽芯模具，适用于抽芯力和倾斜角中等的场合；图 8 - 28（d）所示为单圆柱销导向的形式，导向部分结构简单，加工方便，适用于抽芯力和倾斜角较小，且滑块的宽度较小的多块斜滑块的侧抽芯模具。

此外，还有一些其他形式的斜滑块导滑结构，在这里不再介绍。

斜滑块的配合精度如表 8 - 3 所示，斜滑块的 T 形台阶部分宽度的配合为 H7/d8；T 形台阶的高度部分的配合为 H9/f9；斜滑块宽度的配合视宽度 b 的大小而定。

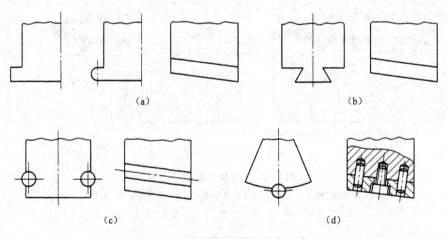

图 8 - 28 斜滑块导滑的基本形式

表8-3 斜滑块的配合精度 mm

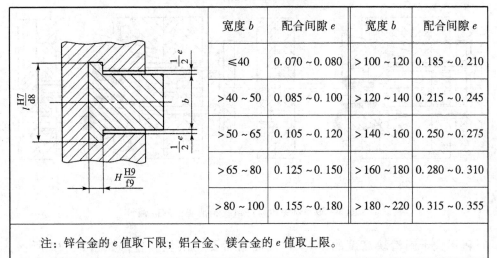

宽度 b	配合间隙 e	宽度 b	配合间隙 e
≤40	0.070 ~ 0.080	>100 ~ 120	0.185 ~ 0.210
>40 ~ 50	0.085 ~ 0.100	>120 ~ 140	0.215 ~ 0.245
>50 ~ 65	0.105 ~ 0.120	>140 ~ 160	0.250 ~ 0.275
>65 ~ 80	0.125 ~ 0.150	>160 ~ 180	0.280 ~ 0.310
>80 ~ 100	0.155 ~ 0.180	>180 ~ 220	0.315 ~ 0.355

注：锌合金的 e 值取下限；铝合金、镁合金的 e 值取上限。

8.5.3 斜滑块侧抽芯机构的设计要点

在设计斜滑块侧抽芯机构时，有许多地方值得注意。

（1）斜滑块的装配要求。为了保证斜滑块侧向分型面之间能够紧密锁紧，一般要求斜滑块底面留有 0.5~1 mm 的空隙，而斜滑块的上端面高出动模套板 0.1~0.5 mm（见图 8-27）。

（2）避免压铸件推出时留在某一斜滑块内。主型芯的位置选择恰当与否，直接关系到压铸件能否顺利脱模。图 8-29（a）中，主型芯设在定模一侧，开模后即使压铸件留在动模中，推出机构推动斜滑块侧向分型与抽芯时，压铸件很容易黏附于某一斜滑块上，影响它从斜滑块上脱出；如果主型芯设在动模一侧，分型时斜滑块随动模后移，在脱模过程中，压铸件虽与主型芯松动，但在侧向分型与抽芯过程中主型芯对压铸件仍有限制侧向移动的作用，所以压铸件不可能黏附在某一斜滑块内，压铸件容易取出。如果型芯一定要设置在定模一侧，则可采用动模导向型芯作支柱，这样也可以避免压铸件留在斜滑块一侧，如图 8-29（b）所示。

（3）斜滑块止动装置的设置。如果压铸件对动、定模的型芯的包络面积大小差不多，或者对定模型芯的包络面积甚至比对动模型芯大，为了防止斜滑块在开模时从导滑槽中被拉出，可设置斜滑块的止动装置。图 8-30 所示为定模部分设置止动销的结构，开模时，在止动销的作用下，斜滑块不能作侧向运动，可保证斜滑块不从导滑槽中被拉出。

（4）斜滑块的推出行程。斜滑块的推出行程是由推杆的推出距离确定的。但斜滑块在动模套板导滑槽内的推出距离是有一定要求的，一般情况下，推出

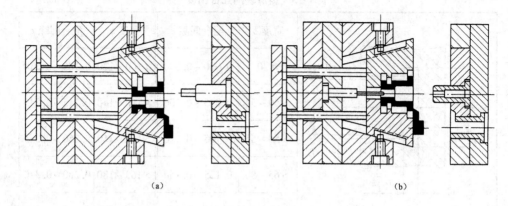

图 8-29   避免压铸件留在斜滑块中的措施

行程不大于斜滑块高度的1/3，并且推出后要有限位装置，如图 8-30 所示，限位螺销 5 的设置就是起这一作用的。

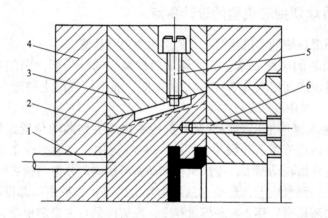

图 8-30   止动销强制斜滑块留在动模套板中的结构
1—推杆；2—斜滑块；3—动模套板；4—支承板；5—限位螺销；6—止动销

（5）推杆位置的选择。在侧向抽芯距较大的情况下，应注意在侧抽芯过程中防止斜滑块移出推杆顶端的位置，所以为了完成预期的侧向分型或抽芯的工作，应重视推杆位置的选择。

（6）推杆长度应一致。推动斜滑块的推杆长度应一致，否则在推出过程中斜滑块的动作不一致，压铸件会产生变形。

（7）排屑槽的设置。在斜滑块的底部，可能的情况下，应在动模内开设排屑槽，使残余金属渣及涂料能由此通道从底部排出模外，以免影响斜滑块在合模时的完全复位。

8.5.4 斜滑块侧抽芯的模具结构示例

1. 斜滑块处侧抽芯压铸模

图 8-31 所示为斜滑块外侧抽芯压铸模。4 个斜滑块分别采用双圆柱斜销导向的结构，用于成形压铸件侧壁上的凹凸形状和孔。斜导销压入动模套板内，其轴心与斜滑块侧面有一小距离，使斜导销在动模套板内的固定配合圆周超过半圆，因此使其固定可靠。为了使 4 个斜滑块能同时推出，防止压铸件变形，模具采用了推杆 1 推动推板 2，推板同时作用于 4 个斜滑块的结构形式。此外，模具还采用了推杆与推管并用的结构。该模具在立式冷压室压铸机上生产。

2. 斜滑块内侧抽芯压铸模

斜滑块内侧抽芯的压铸模如图 8-32 所示。该模具一模两件，在卧式冷压室压铸机上生产。每个型腔用 3 个 T 形导滑槽导滑的斜滑块 7 来成形 3 段内螺纹。在推出机构工作时，推杆 9 推出压铸件的同时，推杆 18 推动斜滑块 7 作内侧抽芯。当抽芯距大于螺纹牙形高度时，压铸件就顺利脱下。合模时，斜滑块 7 与定模型芯 8 接触后退，迫使推出机构复位。

※ 8.6 齿轮齿条侧抽芯机构 ※

齿轮齿条侧抽芯机构是机动侧向抽芯机构中最为复杂的侧抽芯机构，从知识的涵盖面看，它不仅包括一般侧抽芯机构中滑块的导滑、楔紧和限位这 3 大要素的设计，同时还涉及齿轮与齿轮之间、齿轮与齿条之间的传动设计。

8.6.1 齿轮齿条侧抽芯机构的结构组成

常用的齿轮齿条侧抽芯机构的结构如图 8-33 所示。该侧抽芯机构主要由传动齿条 3、齿轮 5、齿条滑块 4、活动侧型芯 8、楔紧块 6 和滑块的导滑、限位装置等组成。圆形传动齿条 3 固定于定模套板 11 上，并采用圆柱销止转的措施。齿轮 5 用齿轴安装在固定于动模套板 12 和支承板 13 的轴套（图中尚未画出）中，固定活动侧型芯 8 的齿条滑块 4 穿过垫块 14、支承板 13、动模套板 12、动模镶块 7 和动模型芯 9 并安装在其中。固定限位螺钉 1 的固定块 2 由螺钉固定在垫块 14 上。

开模时，楔紧块 6 脱离锁紧的齿轮轴，由于传动齿条 3 上有一段延时抽芯距离，因此传动齿条 3 与齿轮 5 不立即发生作用。当楔紧块完全脱开齿轮轴后，传动齿条 3 才与齿轮啮合，从而带动齿条滑块和活动侧型芯作斜向侧抽芯，抽芯结束后，齿条滑块由可调的限位螺钉 1 限位，以保持复位时齿轮与齿条的顺利啮合，最后，推出机构开始工作，将压铸件从动模镶块和动模型芯上脱出。合模

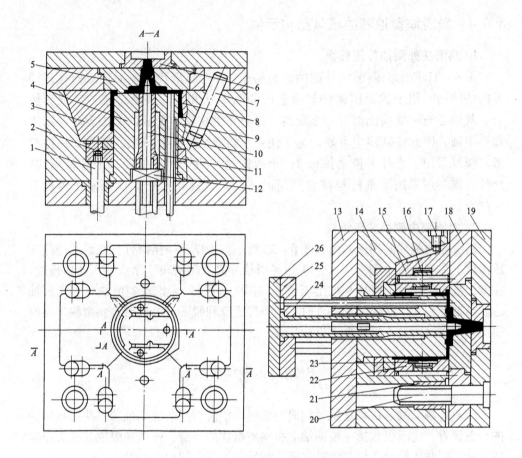

图 8 – 31　斜滑块外侧抽芯压铸模

1、24—推杆；2、26—推板；3、9、15、22—斜滑块；4—动模型芯；5—定模镶块；6—浇口套；
7—斜导销；8、16、23—侧型芯；10—分流锥；11—推管；12—方销；13—支承板；
8—定模套板；14—动模套板；17—定位螺销；19—定模座板；
20—导柱；21—导套；25—推杆固定板

时，传动齿条带动齿轮使齿条滑块和活动侧型芯复位，楔紧块楔紧在齿轮轴的斜面上，齿轮轴产生顺时针方向的力矩，通过齿轮与齿条滑块上齿的相互作用，使齿条滑块楔紧。

8.6.2　齿轮齿条侧抽芯机构的要点

（1）齿形设计。齿轮及齿条的齿形应有较高的传动强度，因此宜采用渐开线短齿，并且考虑传动平稳，开始啮合条件较好等因素，一般模数 m 取 3，齿轮的齿数 z 取 12，压力角 α 取 20°。

（2）延时抽芯行程的设置。合模结束后，传动齿条上应有一段延时抽芯行

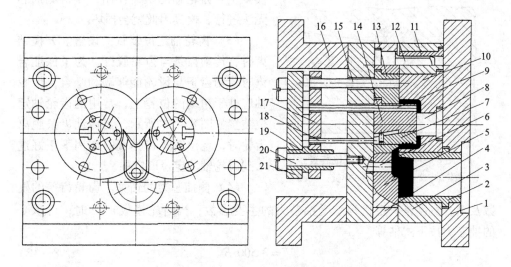

图 8 - 32 斜滑块内侧抽芯压铸模

1—定模座板；2—浇口套；3—定模套板；4—动模套板；5—浇道镶块；6—浇道推杆；7—斜滑块；
8、14—型芯；9、18—推杆；10—定模镶块；11—导套；12—导柱；13—动模镶块；15—复位杆；
16—支架；17—推杆固定板；19—推板导套；20—推板导柱；21—推板

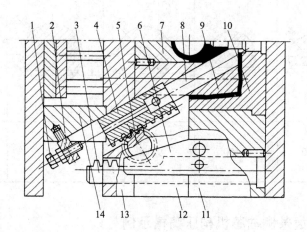

图 8 - 33 齿轮齿条侧抽芯机构

1—限位螺钉；2—螺钉固定块；3—传动齿条；4—齿条滑块；5—齿轮；
6—楔紧块；7—动模镶块；8—活动侧型芯；9—动模型芯；10—定模镶块；
11—定模套板；12—动模套板；13—支承板；14—垫块

程，使传动齿条与齿轮脱开。延时抽芯行程的设置主要考虑在开模时，需要在楔
紧块完全脱离齿轮轴斜面后才开始传动齿条与齿轮啮合进行侧抽芯。否则，由于

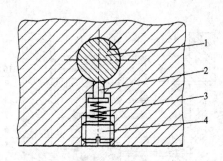

图 8 - 34　齿轮轴的定位装置

1—齿轮轴；2—定位销；3—弹簧；4—螺塞

楔紧块对齿轮轴的阻碍作用，使得侧抽芯无法进行，模具因此就会损坏。

（3）齿轮轴定位装置的设置。开模结束时，传动齿条与齿轮脱开，为了保证合模时传动齿条与齿轮能够顺利啮合，齿轮轴应处于精确的位置上，常用的齿轮轴定位装置如图 8 - 34 所示，当传动齿条脱离齿轮时，定位销 2 在弹簧的作用下正好进入到齿轮轴的定位凹穴中。

（4）侧抽芯力的估算。齿轮齿条的模数及啮合宽度是决定机构承受抽芯力的主要参数，当齿轮模数 $m = 3$ 时，可承受的抽芯力按下式估算

$$F = 3\ 500\ B \qquad\qquad (8 - 12)$$

式中　F——抽芯力，N；

　　　B——啮合宽度，cm。

常用圆形截面的传动齿条所承受的抽芯力 F 如表 8 - 4 所示。

表 8 - 4　圆形截面齿条可承受的抽芯力　　　　　　　（N）

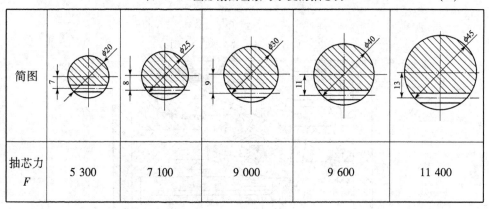

简图					
抽芯力 F	5 300	7 100	9 000	9 600	11 400

8.6.3　齿轮齿条侧抽芯机构压铸模示例

1. 传动齿条固定在定模的齿轮齿条侧抽芯机构压铸模

图 8 - 35 所示为传动齿条固定在定模的齿轮齿系侧抽芯模具结构。模具为一模多腔，齿轮轴为两个，每个齿轮轴同时带动 6 个齿条抽拔型芯。活动侧型芯 8 固定在齿条滑块 9 上，用于成形压铸件的斜孔。开模时，固定于定模座板上的传动齿条 11 带动齿轮 10 转动，齿轮又带动齿条滑块 9 作侧抽芯运动。合模时，传动齿条又带动齿轮作反方向转动使型芯复位。螺杆 12 在合模后锁紧锁紧块 14，

锁紧块绕轴作逆时针方向转动，其下端压紧齿条滑块9，保证活动型芯在压铸过程中不会后退。

2. 传动齿条固定在动模的齿轮齿条侧抽芯机构压铸模

图8-36所示为传动齿条固定在动模的齿轮齿条侧抽芯模具机构。传动齿条4和14固定在传动齿条固定板3上，齿轮9和15安装在动模套板17内。开模时，压铸件包在动模镶块12和两侧型芯上与定模部分脱离，开模行程结束，当压铸机顶杆推动齿条推板，使传动齿条向前移动时，驱动齿轮9和15带动齿条型芯滑块8和16进行抽芯。抽芯结束后，传动齿条固定板3碰到推板5，推出机构上的推杆将压铸件从动模镶块上推出。合模时，传动齿条端面与定模套板10接触，使传动齿条推出装置复位的同时带动齿轮和齿条型芯滑块复位，同时，复位杆与定模套板接触使推出机构复位。

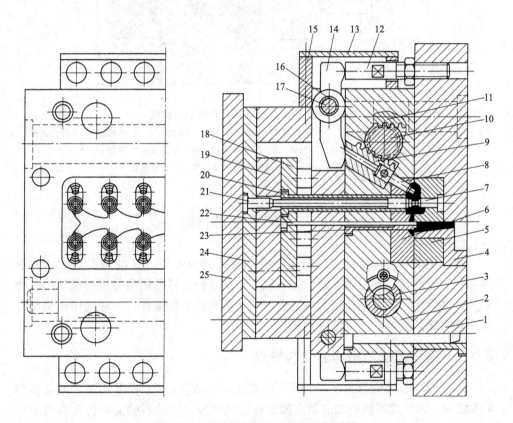

图8-35　传动齿条固定在定模的压铸模

1—定模座板（定模套板）；2—动模套板；3—齿轮轴；4—浇口套；5—定模镶块；6—动模镶块；
7、21、23—型芯；8—侧型芯；9—齿条滑块；10—齿轮；11—传动齿条；12—螺杆；
13、15—支架；14—锁紧块；16—套；17—轴；18—推杆固定板；19—推板；
20—推管；22—推杆；24—型芯固定板；25—动模座板

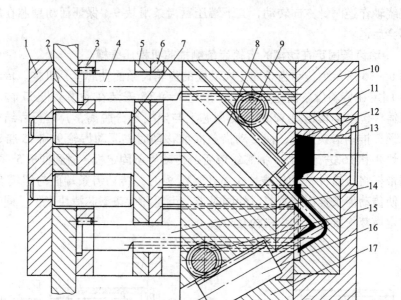

图 8 - 36　传动齿条固定在动模的压铸模

1—动模座板；2—传动齿条推板；3—传动齿条固定板；4、14—传动齿条；5—推板；6—推杆固定板；
7—支柱；8、16—齿条型芯滑块；9、15—齿轮；10—定模座板（定模套板）；
11—定模镶块；12—动模镶块；13—浇口套；17—动模套板

※　8.7　液压侧抽芯机构　※

　　液压侧抽芯机构是指固定在定模或动模部分的液压缸（抽芯器）在压铸成形后，通过油路和液压阀控制，使与液压缸活塞杆连接的侧型芯进行抽芯的一种机构，常常用于抽芯距比较大的场合。由于液压缸是标准件，一般的压铸机均带有 3 套这样的抽芯器，所以应用相当广泛。

8.7.1　液压侧抽芯机构的结构特点

　　液压侧抽芯机构如图 8 - 37 所示，它由液压抽芯器 1、抽芯器座 2 及联轴器4 等组成。固定抽芯器的抽芯器座固定在动模部分，抽芯器的活塞杆 3 和滑块拉杆 5 用联轴器 4 连成一体。合模时，定模楔紧块楔紧滑块，模具处于压铸状态，如图 8 - 37（a）所示；开模时，滑块脱离定模楔紧块，如图 8 - 37（b）所示；接着高压油进入抽芯器右腔使模具进入抽芯状态，抽出侧型芯，如图 8 - 37（c）所示；继续开模，推出机构将压铸件推出。合模前，先将推出机构进行预复位，然后高压油从抽芯器左腔进入，将侧型芯复位。

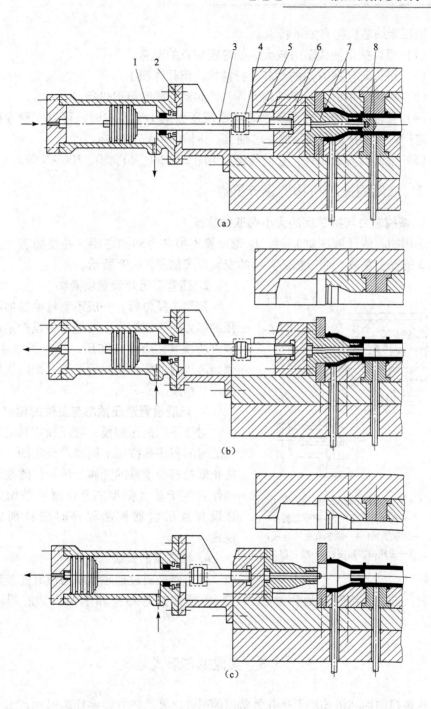

图 8－37 液压侧抽芯机构

1—液压抽芯器（液压缸）；2—抽芯器座；3—活塞杆；4—联轴器；

5—滑块拉杆；6—滑块；7、8—侧型芯

液压侧抽芯机构有如下特点。

（1）可以抽出抽拔阻力较大、抽芯距较长的型芯。

（2）可以对任何方向的型芯进行抽拔，模具体积小。

（3）压铸结束后，只要结构允许，抽芯动作随时可以进行。

（4）当抽芯器的压力大于型芯所受反压力的1/3左右时，可以不设置楔紧块，这样，可以在开模前将侧型芯抽出，压铸件不易变形。

（5）抽芯器为通用件，它的规格有10、20、30、40、50、100 kN等。

8.7.2　液压侧抽芯机构的设计要点

1. 按抽芯力与抽芯距的大小选取抽芯器

选用抽芯器（液压缸）时，应先计算出抽芯力和抽芯距，并在抽芯力上乘以1.3的安全系数。液压抽芯器座的安装形式如图8-38所示。

2. 通常要另外设置楔紧块

侧型芯复位后，一般不宜将抽芯器的液压抽芯力作为锁模力，而需要另设楔紧块将侧滑块楔紧。否则，在压射压力的作用下，侧型芯仍有可能稍稍向后退缩，影响压铸件的尺寸精度。

3. 正确设置液压抽芯与复位的程序

对于不同的压铸模，液压抽芯和液压复位的时间程序是按照不同要求设定的。为了防止侧抽芯与模具的开模、压铸件的推出等动作发生干涉（侧型芯复位时亦是如此），在设置液压电器控制程序时应特别加以注意。

4. 抽芯器的安装

抽芯器是通过抽芯器座与模具连接起来的，常用的抽芯器座有通用抽芯器座、螺栓式抽芯器座和框架式抽芯器座等形式。

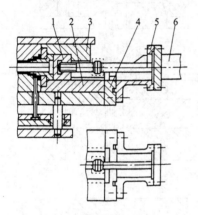

图8-38　通用抽芯器座的安装形式

1—侧滑块型芯；2—动模套板；

3—定模套板；4—抽芯器座固定板；

5—通用抽芯器座；6—抽芯器

▧　8.8　其他抽芯形式　▧

压铸模的抽芯机构除上述几种常用的形式之外，还有很多抽芯形式。本节介绍的几种结构形式如下。

（1）并列多个型腔抽芯，固定型芯的销钉插入到斜槽滑板的斜槽内，抽芯时利用斜槽滑板带动滑块完成抽芯和复位，如图8-39所示。

（2）平行于分型面的平面上有多个要朝不同方向抽出的型芯，与上述方法相同，也是利用斜槽带动滑块完成抽芯，不同的是用圆盘转动代替斜槽滑板作往复运动，如图8-40所示。

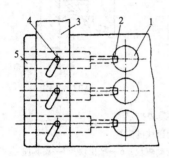

图8-39 并列多个型腔抽芯

1—型腔；2—型芯；3—斜槽滑板；

4—销钉；5—滑块

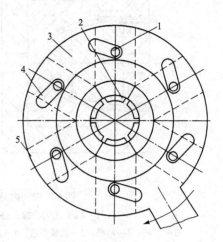

图8-40 平行分型面的平面上不同方向抽芯

1—销钉；2—型芯；3—斜槽盘；

4—斜槽；5—滑块

（3）内侧凹单活动镶块从燕尾槽插入动模型芯，合模后由定模压紧。开模推出铸件，同时将活动镶块推出，在模外取下。这种抽芯形式的模具需要设置推杆预复位机构，使活动镶块在合模前能先放入型腔，如图8-41所示。

（4）内侧凹双活动镶块抽芯方式与上述方法相同，脱模后用专用夹具从铸件上取下活动镶块，如图8-42所示。

（5）图8-43所示的铸件，外侧凹由安装在定模的活动摆块成形。活动摆块在开模的同时向外摆动，抽出侧凹成形部分。合模时由动模压紧摆动，定位并密闭。

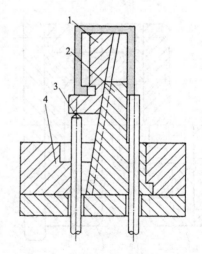

图8-41 内侧凹单活动镶块抽芯

1—活动镶块；2—动模型芯；3—推杆；4—动模

（6）图8-44所示的是由弯销抽出铸件斜向内侧凹的型芯。开模后，先打开Ⅰ-Ⅰ面至L_2距离，限位螺钉7拉住动模2，附加分型面Ⅱ-Ⅱ打开，弯销抽出型芯。若先打开Ⅱ-Ⅱ面，则先抽芯，开模行程由限位螺钉6控制。

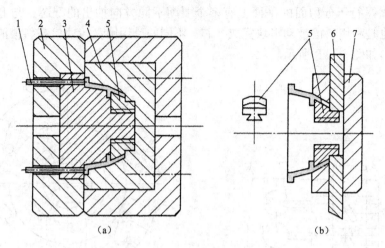

图8-42　内侧凹双活动镶块抽芯

（a）压铸状态；（b）取出活动镶块的夹具

1—推杆；2—动模；3—动模型芯；4—定模；5—活动镶块；6—推出块；7—夹具座

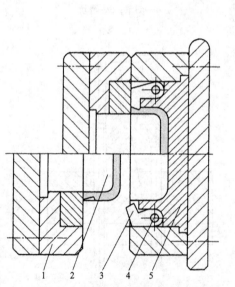

图8-43　外侧凹定模摆块抽芯

1—动模；2—型芯；3—摆块；

4—回转轴；5—定模

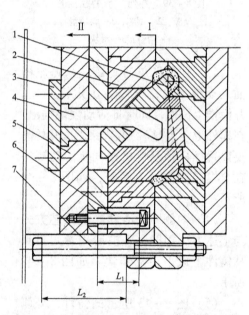

图8-44　弯销抽出斜向内侧凹的成形零件

1—斜向型芯；2—动模；3—弯销支承板；4—弯销；

5—动模附加板；6—限位螺钉；7—限位螺钉

（7）抽拔直径大而长的型芯时，需要的抽拔力大，可用弯销液压复式抽芯机构，如图8-45所示。开模时先以弯销作起始抽芯，抽出距离 S，再由抽芯器作相继抽芯（可减少抽芯器所需的抽芯力）。合模时型芯先由抽芯器复位，再合模。弯销作第二复位。为配合开合模动作，应使 $S = X = Y$。

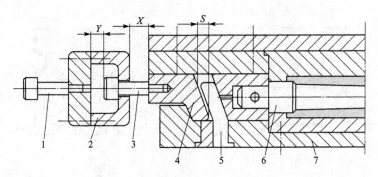

图 8 -45 弯销液压复式抽芯机构

1—连接轴；2—联轴器；3—连接轴；4—滑块；5—弯销；6—型芯；7—定模

（8）利用推出机构推动齿轮齿条的抽芯机构如图 8 -46 所示。在合模时因分型面上传动齿条 14 比复位杆高，使一次推板 2 后退，同时带动齿轴 16、齿条滑块 15 为齿条齿轴复位。合模结束后，推板二次 5 与支柱 7 接触。开模时铸件先脱离定模，压铸机顶杆推动一次推板 2，使齿条 4 带动齿轴而使齿条滑块 12 抽芯。抽芯结束后，一次推板 2 碰到二次推板 5，推动二次推板 5 向前，将铸件推出。

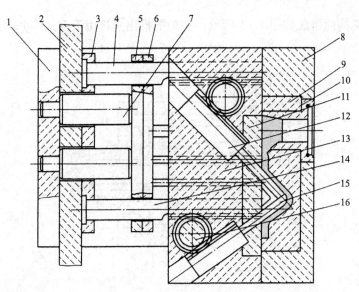

图 8 -46 利用推出机构推动齿轮齿条的抽芯机构

1—动模座板；2—次推板；3—齿条固定板；4—齿条；5—二次推板；6—推杆固定板；
7—支柱；8—定模套板；9—定模；10—浇口套；11—动模；12—齿条滑块；
13—动模套板；14—传动齿条；15—齿条滑块；16—齿轴

第9章　压铸模推出机构设计

在压铸的每一个循环中，都必须将铸件从模具型腔中脱出，用来完成这一工序的机构称为推出机构。推出机构用于卸除铸件对型芯的包紧力，所以该机构设计的好坏，直接影响到铸件的质量。因此，推出机构的设计，是压铸模设计的一个重要环节。

❈　9.1　推出机构的组成与分类　❈

9.1.1　推出机构的组成

推出机构的组成如图9－1所示，一般的推出机构由下列几部分组成。

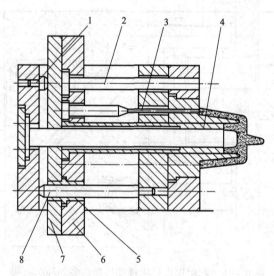

图9－1　推出机构的组成
1—限位钉；2—复位杆；3—推杆；4—推管；5—推板导套；
6—推杆固定板；7—推板；8—推杆导柱

（1）推出元件。推出铸件，使之脱模，包括推杆、推管、卸料板、成形推块、斜滑块等。

（2）复位元件。控制推出机构，使之在合模时回到准确的位置，如复位杆及能起复位作用的卸料板、斜滑块等。

（3）限位元件。保证推出机构在压射力的作用下，不改变位置，起到止退的作用，如挡钉、挡圈等。

（4）导向元件。引导推出机构的运动方向，防止推板倾斜和承受推板等元件的重量，如推板导柱（导钉、导杆支柱）、推板导套等。

（5）结构元件。使推出机构各元件装配成一体，起固定的作用，如推杆固定板、推板、其他连接件、辅助零件等。

9.1.2　推出机构的分类

推出机构的基本传动形式有机动推出、液压推出器推出和手动推出 3 种。推出机构的结构形式按动作分为直线推出、旋转推出和摆动推出；按机构形式分为推杆推出、推管推出、推板推出、斜滑块推出和齿轮传动推出等。

❊　9.2　推出机构的设计要点　❊

推出机构设计得是否合理，对压铸件质量有直接影响。因此，设计推出机构时先要对推出力、推出部位进行分析研究。

9.2.1　推出部位的选择

推出部位是指压铸件上受推出元件作用的部位，这一部分的选择原则是要保证压铸件的质量。

（1）推出部位应设在受压铸件包紧的成形部分（如型芯）周围以及收缩后互相拉紧的孔或侧壁周围，如图 9－2 所示。

（2）推出部位应设在脱模斜度较小或垂直于分型面方向的深凹处的成形表面附近，如图 9－3 和图 9－4 所示。

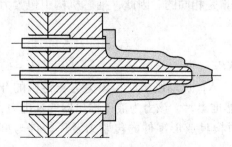

图 9－2　在型芯周围及分流
锥头部设置推杆

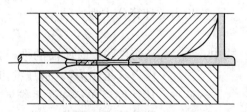

图 9－3　在脱模斜度小且型腔
较深处设置推出元件

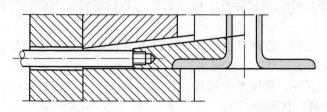

图 9 - 4　在垂直分型面方向长度较大的成形表面设置推出元件

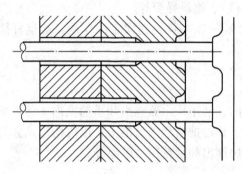

图 9 - 5　在压铸件凸台处设置推出元件

（3）推出部位尽量设在压铸件的凸缘、加强肋及强度较高的部位，如图 9 - 5 所示。

（4）推出部位应位于动模浇道上或受压铸件包紧力较大的分流锥周围。

（5）推出部位在压铸件上的分布应对称、均匀，防止推出时变形。

（6）推出部位不设在铸件的重要表面或基准面，防止在这些部位留下推痕。

（7）设置推出元件时应避免与活动型芯发生干扰。

9.2.2　推出力和受推压力

压铸时，高温金属液在很大的比压作用下充满型腔，冷却后产生收缩，要使铸件脱出成形零件就需要一定的推出力。推出时铸件的强度应能承受推出元件所施加的压力。

1. 推出力的估算

推出机构把压铸件从成形零件上推出要克服铸件对成形零件的包紧力，这个包紧力可以按抽芯机构中的包紧力来考虑。但是由于动模上的成形零件在一般情况下都比抽拔的侧向活动成形零件复杂些（有时也有相反的情况），所以包紧力就很难准确计算。然而，影响包紧力的因素是相同的。因此，抽芯机构中包紧力的计算可以用来作为计算推出力的基础。

推出力的计算公式为

$$F_t > K F_b \tag{9-1}$$

式中　F_t——压铸件脱模时所需的推出力，N，机动脱模时，该力为压铸机的开模力（推出力），液压推出器推出时，该力为液压推出器的推出力；

　　　F_b——压铸件（包括浇注系统）对模具成形零件的包紧力及压铸件与型腔壁的摩擦阻力，N；

　　　K——安全系数，一般取 $K = 1.2$。

2. 受推压力

推出时，为了不使压铸件损坏或变形，应考虑压铸件与推出元件接触面所能承受的压力。压铸件单位接触面上所能承受的推力称为受推压力。

压铸件受推压力的大小与压铸件本身的合金种类、形状结构、壁厚、脱模温度等因素有关。脱模温度是指铸件具有承受推出负荷的强度时的温度，此温度随铸件壁厚的增加而相应的提高。对于壁厚为 10 mm 以下的压铸件，根据合金种类的不同，其推出温度的范围大致为：锌合金为150 ℃ ~ 250 ℃；铝合金为 220 ℃ ~ 230 ℃；镁合金为 260 ℃ ~ 380 ℃。推出时，压铸件能承受的最大受推压力 P_d 如表 9 - 1 所示。

表 9 - 1　铸件能承受的最大受推压力推荐值

合　金	最大受推压力 P_d/MPa
锌合金	40
铝合金	50
镁合金	30
铜合金	50

3. 推出距离

推出距离一般根据动模高出分型面的成形部分的高度来确定，如图 9 - 6 所示。

$$H \leqslant 20 \text{ mm 时} \quad S_t \geqslant H + K \quad (9 - 2)$$

$$H > 20 \text{ mm 时} \quad \frac{1}{3}H \leqslant S_t \leqslant H$$

$$(9 - 3)$$

式中　S_t——推出距离，mm；

　　　H——滞留压铸件的最大成形部分的长度，mm；

　　　K——安全系数，$K = 3 \sim 5$ mm。

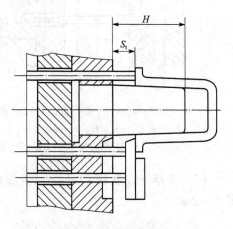

图 9 - 6　推出距离的计算

如果推出动作除推出铸件外还要完成其他任务，则推出距离应该综合考虑，双方兼顾。有分流锥的模具，若分流锥凸出分型面的高度大于成形部分的高度，则应按分流锥的高度来考虑推出距离。

※　**9.3　推杆推出机构**　※

推杆推出机构是最常用的推出机构。其组成包括推杆、复位杆、推板导柱、推板导套、推板、推板固定板、挡圈等，如图 9 - 7 所示。

9.3.1　推杆推出机构的特点

推杆推出机构被广泛应用是因为它有如下特点。

（1）作为推出元件的推件，形状较简单，制造维修方便。

（2）可根据铸件对成形零件包紧力的大小，灵活地选择推杆直径、数量和推出部位，使推出力均衡。

（3）推出动作简单，不易发生故障，安全可靠。

（4）在某些情况下，推杆可兼作复位杆使用，简化了模具结构，如图9-8所示。

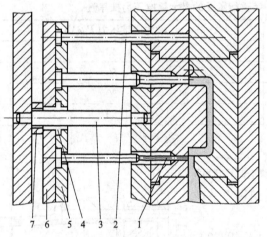

图9-7　推杆推出机构的组成

1—推杆；2—复位杆；3—推板导柱；4—推板导套；
5—推杆固定板；6—推板；7—挡圈

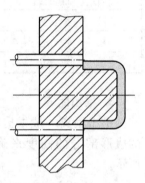

图9-8　推杆兼作复位杆

（5）当推杆设置在动模或定模深腔时，还可起到排气、溢流的作用，如图9-9所示。

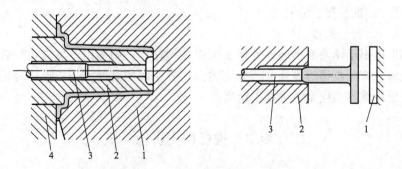

图9-9　推杆帮助排气、溢流

1—定模；2—型芯；3—推杆；4—推件板

（6）推杆头部制成特定形状后可兼承托嵌件之用，如图 9 – 10 所示。

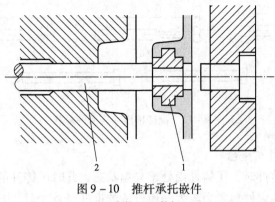

图 9 – 10 推杆承托嵌件
1—嵌件；2—推杆

（7）推杆端面可用来作成形压铸件的标记、图案。

（8）压铸件表面会留下推杆印痕，有碍表面美观。如印痕在铸件基准面上，则影响尺寸精度。

（9）推杆截面小，推出时铸件与推杆的接触面积小，受推压力大，若推杆设置不当，会使铸件变形或局部破损。

9.3.2 推杆的设计

1. 推杆的形状

推杆推出端截面的形状受压铸件被推部位的形状和镶块镶拼结构的影响较大，常见的形状有圆形、正方形、矩形、半圆形。其中圆形制造最为方便，应用最广；矩形用于深腔薄壁铸件的推出。在特殊情况下，也可用异形推杆，如图 9 – 11 所示。

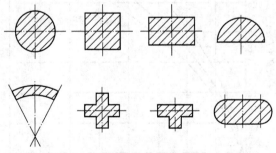

图 9 – 11 推杆推出端截面的形状

推杆推出端表面的形状根据压铸件被推部位表面形状的不同而有所不同。常见的形状有平面形、圆锥形、凹面或凸面形、斜钩形等，一般应用的是平面形圆截面推杆。当推杆推出端直径小于 8 mm 时，应考虑加强推杆后部以增加推杆刚度，如图 9 – 12 所示。

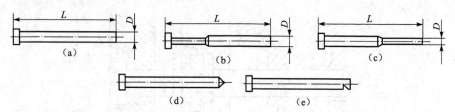

图 9 – 12　推杆推出端表面的形状

2. 推杆的尺寸与配合

推杆推出压铸件时，压铸件尚处于高温状态，此时压铸件的强度低于室温时的许用强度。当压铸件包紧力较大，而设置的推杆又较少时，若每根推杆上的推出力超出压铸件的最大受推压力，推杆就会顶入压铸件内部，顶坏压铸件。为避免出现这种现象，推杆的截面积可按下式进行计算

$$A = \frac{F_t}{n[\sigma]} \tag{9-4}$$

式中　A——推杆推出段端部的截面积，mm^2；

　　　F_t——推杆承受的总推力，10 N；

　　　n——推杆的数量；

　　　$[\sigma]$——压铸件的许用强度（受推压力），MPa（参考表 9 – 1）。

根据式（9 – 4），当 $n = 1$ 时，绘制了推杆直径与推出力的关系曲线图，如图 9 – 13 所示，可供设计时查用。推杆尺寸的推荐值可参考表 9 – 2 及表 9 – 3。

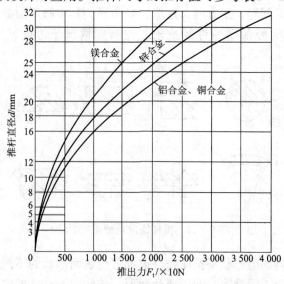

图 9 – 13　推杆直径与推出力的关系曲线图

表 9 - 2 推杆的尺寸推荐值（一）　　　　　mm

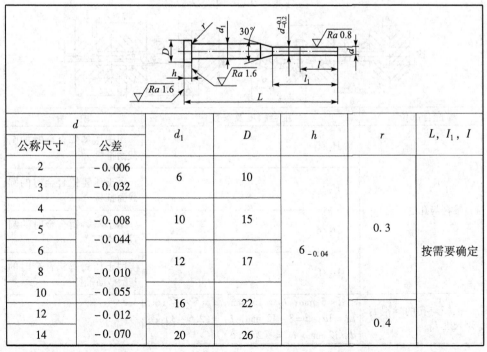

d		D	h	r	I, L
公称尺寸	公　差				
8	− 0.010	12			
10	− 0.055	14			
12	− 0.012	17	$6_{-0.04}$	0.4	按需要确定
14	− 0.070	20			
16		22			
18		24			
20		26			
22	− 0.014	28		0.5	
24	− 0.085	30			
26		32			

表 9 - 3 推杆的尺寸推荐值（二）　　　　　mm

d		d_1	D	h	r	L, I_1, I
公称尺寸	公差					
2	− 0.006	6	10			
3	− 0.032					
4	− 0.008	10	15		0.3	
5	− 0.044					
6		12	17	$6_{-0.04}$		按需要确定
8	− 0.010					
10	− 0.055	16	22			
12	− 0.012				0.4	
14	− 0.070	20	26			

推杆为细长杆件，工作中在推出力作用下受到轴向压力，因此，还必须校核推杆的稳定性。推杆承受静压力时的稳定性可根据下式计算

$$K_W = \eta \frac{EJ}{F_t l^2} \qquad (9-5)$$

式中　K_W——稳定安全倍数，钢取 1.5~3；

　　　η——稳定系数，$\eta = 20.19$；

　　　E——弹性模量，MPa，钢取 $E = 2 \times 10^5$ MPa；

　　　J——推杆最小截面处抗弯截面惯性矩，cm^4；当推杆是直径为 d 的圆截面

　　　　　时，$J = \dfrac{\pi d^4}{64}$；当推杆是短、长边分别为 a、b 的矩形截面时，$J = \dfrac{a^3 b}{12}$；

　　　F_t——推杆承受的实际推力，10 N；

　　　l——推杆的总长，cm。

推杆的配合应能使推杆能无阻碍地沿轴向往复运动，顺利地推出压铸件和复位。推杆推出段与镶块的配合间隙应适当。间隙过大，金属液将进入间隙。间隙过小，则推杆导滑性能差。推杆的配合及参数如表 9-4 所示。

表 9-4　推杆的配合及参数

配合部位	配合精度及参数	说　明
推杆与孔的配合	H_7/f_7	用于压铸锌合金时的圆截面推杆
	H_7/e_8	用于压铸铝合金时的圆截面推杆
	H_7/d_8	用于压铸铜合金时的圆截面推杆
	H_8/f_8	用于压铸锌铝合金时的非圆截面推杆
推杆与孔的导滑封闭长度 L_1	$d < 5$ mm，$L_1 = 15$ mm；$d = 5~8$ mm，$L_1 = 3d$；$d = 8~12$ mm，$L_1 = (2.5~3)\ d$；$d > 12$ mm，$L_1 = (2~2.5)\ d$	

续表

配合部位	配合精度及参数	说　明
推杆加强部分的直径 D	$d \leqslant 6$ mm, $D = d + 4$ mm, 6 mm $< d <$ 10 mm, $D = d + 2$ mm; $d > 10$ mm, $D = d + 6$ mm	用于圆截面推杆
	$D \geqslant \sqrt{a^2 + b^2}$	用于非圆截面推杆
推杆前端长度 L	$L = L_1 + S_t + 10$ mm $\leqslant 10d$	S_t 为推出距离
推板推出距离 L_3	$L_3 = S_t + 5$ mm, $L_2 > L_3$	保护导滑孔
推杆固定板厚度 h	15 mm $\leqslant h \leqslant 30$ mm	除需要预复位的模具外, 无强度计算要求
推杆台阶直径与厚度 D_2、h_1	$D_2 = D + 6$ mm, $h_1 = 4 \sim 8$ mm	
支承板孔直径 D_1	$D_1 = D + (0.5 \sim 1)$ mm	

3. 推杆的固定

推杆的固定应保证推杆定位准确, 能将推板作用的推出力由推杆尾部传到端部, 推出压铸件, 复位时尾部结构不应松动或脱落。推杆的固定方法有多种, 生产中广泛应用的是如图 9 - 14 (a) 所示的台阶沉入固定式。

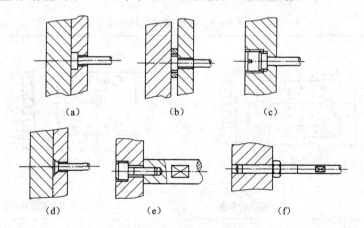

(a)　　　　　　　(b)　　　　　　　(c)

(d)　　　　　　　(e)　　　　　　　(f)

图 9 - 14　常用的推杆固定方法

(a) 沉入式; (b) 夹紧式; (c) 螺钉紧定式; (d) 圆锥式; (e) 螺母式; (f) 螺栓式

凡推杆有方向性要求而动模镶块上的推杆孔又不能给予定位时, 可在推杆尾部设置定位结构, 以防止推杆转动。

9.3.3　推板的尺寸

推板必须有足够的强度和刚度，因此，推板需要有一定的厚度，其计算简图如图9-15所示。推板厚度的计算公式为：

$$H \geqslant \sqrt[3]{\frac{FCK}{12.24B} \times 10^{-6}} \tag{9-6}$$

式中　H——推板厚度，cm；

　　　F——推板载荷，10 N；

　　　C——推杆孔在推板上分布的最大距离，cm；

　　　B——推板宽度，cm；

　　　K——系数，$K = L^3 - \frac{1}{2}CL + \frac{1}{8}C^3$，其中 L 为压铸机顶杆之间的距离。

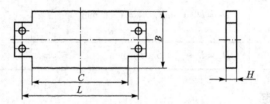

图9-15　推板厚度的计算简图

推板的尺寸可参考表9-5。

表9-5　推板的推荐尺寸　　　　　　　　　　　　　　　　mm

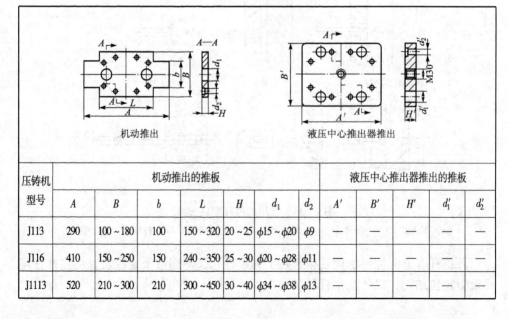

压铸机型号	机动推出的推板							液压中心推出器推出的推板				
	A	B	b	L	H	d_1	d_2	A'	B'	H'	d_1'	d_2'
J113	290	100~180	100	150~320	20~25	$\phi15\sim\phi20$	$\phi9$	—	—	—	—	—
J116	410	150~250	150	240~350	25~30	$\phi20\sim\phi28$	$\phi11$	—	—	—	—	—
J1113	520	210~300	210	300~450	30~40	$\phi34\sim\phi38$	$\phi13$	—	—	—	—	—

压铸机型号	机动推出的推板							液压中心推出器推出的推板				
	A	B	b	L	H	d_1	d_2	A'	B'	H'	d_1'	d_2'
J1113A	520	210~300	210	300~450	30~40	$\phi34~\phi38$	$\phi13$	—	—	—	—	—
J1113B	150~410	130~330	160	150~410	30~40	$\phi34~\phi38$	$\phi13$	150~410	130~330	25~30	$\phi34~\phi38$	$\phi13$
J1125	450~600	120~350	120	260~450	35~45	$\phi42~\phi46$	$\phi13$	450	120~420	30~40	$\phi42~\phi46$	$\phi17$
J1125A	660	190~400	190	260~450	35~45	$\phi42~\phi46$	$\phi13$	450	190~440	30~40	$\phi42~\phi46$	$\phi17$
J1140	350~670	290~440	290	480~770	40~45	$\phi42~\phi46$	$\phi17$	670	360~530	40~45	$\phi42—\phi46$	$\phi17$
J1163	1140	400~650	320	440~660	60~80	$\phi58~\phi63$	$\phi21$	440~660	400~650	40~50	$\phi58~\phi63$	$\phi21$
J1512	560	120~250	120	250~500	30~40	$\phi34~\phi38$	$\phi13$	—	—	—	—	—
J1513	150~360	130~330	130~160	150~410	25~30	$\phi34~\phi38$	$\phi13$	150~360	130~330	25~30	$\phi20~\phi28$	$\phi11$
JZ213	100~270	110~160	100	200~280	20~25	$\phi15~\phi20$	$\phi9$	—	—	—	—	—
J2113	150~360	130~330	130~160	150~410	30~35	$\phi34~\phi38$	$\phi13$	150~360	130~330	25~30	$\phi34~\phi38$	$\phi13$

❈ 9.4 推管推出机构 ❈

推管是推杆的一种特殊形式,其传动方式与推杆基本相同,而推出元件是管状零件,推管设置在型芯外围以推出压铸件。

9.4.1 推管推出机构的特点和常见的组装形式

推管推出机构由推管、推板、推管紧固件及型芯紧固件等组成,如图9–16所示。

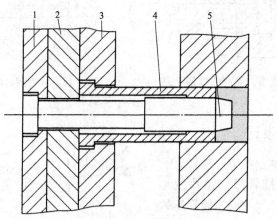

图9–16 推管推出机构的组成
1—动模座板;2—推板;3—推管固定板;4—推管;5—型芯

1. 推管推出机构的特点

与推杆推出机构比较，推管推出机构有如下特点。

（1）推出力作用点离包紧力作用点距离较近，推出力平稳、均匀，是较理想的推出机构。

（2）推管推出的作用面积大，压铸件受推部位的受推压力小，压铸件变形小。

（3）推管与型芯的配合间隙有利于型腔气体的排出。

（4）适合推出薄壁筒形压铸件。但铸件过薄（壁厚小于 1.5 mm）时，因推管加工困难、容易损坏，故不宜采用推管推出。

（5）对型芯喷刷涂料比较困难。

2. 推管推出机构的常见组装形式

如图 9 – 16 所示，推管装在推板上，型芯装在动模座板上，加工装配方便，但增加了型芯的长度和模具的厚度，这种组装形式多用于较大的厚壁筒形铸件压铸模。如图 9 – 17 所示，型芯装在动模板上，推管装在内推板上，由推板上的推杆推动内推板，带动推管。这种形式加工和装配都比较方便，推管强度增高，但动模厚度增加，推出距离不宜过大。如图9 – 18 所示为型芯由方销固定在动模上，而推管装在推板上的组装形式。推管中部轴向有两个长槽，以便推管作往复运动时方销可在槽内滑动。此种形式结构比较紧凑，但型芯的紧固力较小，用于小型芯的压铸模。

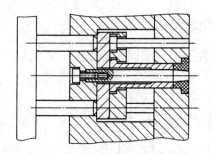

图 9 – 17　缩短推管、型芯的组装形式

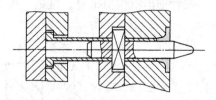

图 9 – 18　方销固定型芯的组装形式

9.4.2　推管的设计

推管设计的要点如下。

（1）为避免推管损伤镶块及型芯表面，推管外径尺寸应比筒形压铸件外壁尺寸小 0.2 ~ 0.5 mm，推管内径尺寸比压铸件内壁尺寸大 0.2 ~ 0.5 mm，如图 9 – 19 所示。

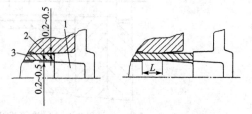

图 9 – 19　推管内外径尺寸的设计

1—推管；2—动模镶块；3—型芯

推管内径通常在 10 ~ 50 mm 范围内。管壁应有相适应的厚度，在 1.5 ~ 6 mm 范围内。推管内外径与型芯和镶块的配合可按 $H_8 f_7$ ~ H_8/f_8 选用。

（2）推管导滑封闭段长度 L（见图 9 – 19）按下式计算

$$L = (S_t + 10) \geqslant 20 (\mathrm{mm}) \qquad (9 - 7)$$

式中　L——推管导滑封闭段长度，mm；

　　　S_t——压铸件的推出距离，mm。

推管非导滑部位的尺寸如表 9 – 6 所示。

表 9 – 6　推管非导滑部位的推荐尺寸　　　　　　　mm

部　　位	尺　　寸
动模镶块内扩孔	$D_1 = D + (1 ~ 2)$
推管内扩孔	$d_2 = d + (0.5 ~ 1)$
型芯缩小段	$d_1 = d - (0.5 ~ 1)$
推管尾部外径	$D_2 = D + (6 ~ 10)$
推管尾部厚度	$H = 5 ~ 10$

❈ 9.5　推件板推出机构 ❈

推件板又称卸料板。推件板推出机构是利用推件板的推出运动，从固定型芯上推出铸件的机构，其特点与推管推出机构相似。推件板推出机构适用于铸件面积大、壁薄而轮廓简单的深腔铸件。

推件板推出机构的组成如图 9 – 20 所示。它主要由推件板 3、动模镶块 2、推件板推杆 6、推板 7、导柱 5 和导套 4 等零件组成。推出力通过推板、推件板推杆作用到推件板上将压铸件从型芯 1 上推出。图 9 – 21 所示为常用的两种推件板的推出机构，图 9 – 21（b）所示的推出形式易堆积金属残屑，而图 9 – 21（a）是整块推件板，推出后推件板底面与动模分开一段距离，清理方便，有利于排气，因而应用较广。

推件板推出机构的设计要点如下。

（1）推出压铸件时动模镶块的推出距离 L 不得大于动模镶块与动模固定型芯接合面长度的 2/3，以使模具在复位时保持稳定。

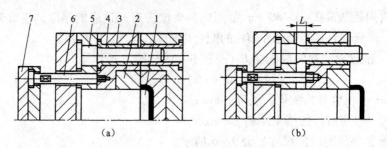

图 9 - 20　推件板推出机构的组成
(a) 合模状态；(b) 推出状态
1—型芯；2—动模镶块；3—推件板；4—导套；5—导柱；6—推件板推杆；7—推板

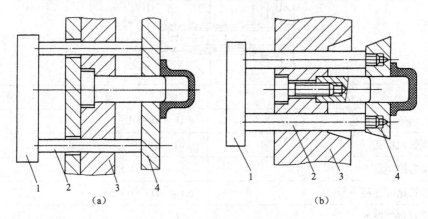

图 9 - 21　常用推件板的推出机构
1—推板；2—推杆；3—动模套板；4—推件板

(2) 推件板推杆可以设在模具分型面的水平投影面内，也可以设在水平投影面外，视具体情况而定。

(3) 型芯与推件板（动模镶块）间的配合一般在 $H_7/e_8 \sim H_7/d_8$ 之间。若型芯直径较大，与推件板配合段可做成 $1° \sim 3°$ 的斜度，以减少推出阻力。

✳ 9.6　其他推出机构 ✳

9.6.1　二次推出机构

在一般情况下，压铸件的推出都是由一个推出动作来完成的，这种推出机构称为一次推出机构，亦称为一级推出机构。简单推出机构就属于一次推出机构。绝大部分的压铸件采用一次推出已经能满足脱模的要求，但是有些对模具成形零件包紧力比较大的压铸件，采用一次推出时，会产生变形，对这类压铸件，模具设计时需考虑采用两个推出动作，以分散脱模力。第 1 次的推出使压铸件从某些成形零件上脱出，经第 2 次推出，压铸件才完成从全部成形零件上的脱出，这种由两个推出动作完成压铸件脱模的机构称为二次推出机构。

1. 拉钩式二次推出机构

图 9 - 22 所示为拉钩式二次推出机构。拉钩 4 用圆轴固定在二次推板 3 上。推出前，拉钩 4 在弹簧的作用下钩住固定在推杆固定板 2 上的圆柱销，如图 9 - 22（a）所示；推出时，压铸机的顶杆推动二次推板 3，由于拉钩 4 的作用，使一次推板 1 与二次推板 3 一起运动，将压铸件从型芯 9 上推出，但仍留在动模镶块 7 内，直至拉钩的前端碰到支承板 8 使其脱钩为止，完成一次推出，如图 9 - 22（b）所示；继续开模，由于拉钩已松开推杆固定板 2，因而一次推板 1 停止运动，而二次推板 3 继续推动推杆 10 运动，将压铸件从动模镶块上推出，实现第二次推出，如图 9 - 22（c）所示。

2. 三角滑块式二次推出机构

图 9 - 23 所示为三角滑块式二次推出机构。两组推板置于支承板 5 的两侧。型芯 11 用螺钉固定在支承板 5 上，斜楔 3 用螺钉固定在一次推板 2 上，圆柱销 6 通过支承板上的孔两

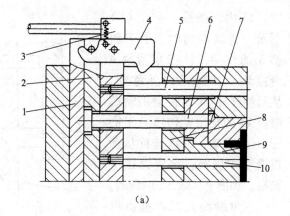

（a）

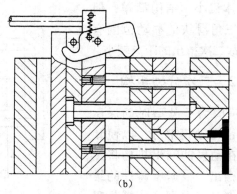

（b）

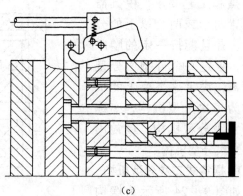

（c）

图 9 - 22　拉钩式二次推出机构
1——次推板；2—推杆固定板；3—二次推板；
4—拉钩；5—复位杆；6、10—推杆；
7—动模镶块；8—支承板；9—型芯

端顶在两块推板上，分模后推出前的状态如图 9 - 23（a）所示；推出时，压铸机的顶杆顶在一次推板 2 上，两块推板的作用通过推杆 14 和推管 10 将压铸件从型芯 11 和型芯套 12 上脱出，实现第一次推出，但此时压铸件仍在动模镶块（型

腔) 13 内, 如图 9 - 23 (b) 所示; 继续推出时, 由于斜楔 3 的作用, 使三角滑块 4 沿挡块 1 的斜面向外移动, 从而使推杆 14 所带动的动模镶块 13 的推出动作滞后于推管 10 的推动, 使压铸件从动模镶块中脱模, 完成第二次推出, 如图 9 - 23 (c) 所示。

　　三角滑块式二次推出机构的体积小, 结构简单, 但由于三角滑块的移动范围有限, 故二次推出的距离较小。

9.6.2　二次分型机构

　　有时为了分型时确保压铸件留在动模部分, 以便让设置在动模的推出机构将压铸件推出, 根据压铸件的结构特点和工艺要求, 模具需要设置两个或两个以上的分型面, 并且能按一定的顺序打开, 限定每个分型面分型的距离, 满足这类要求的机构称为多次分型机构, 亦称顺序定距分型机构, 最常用的是二次分型机构。

1. 摆钩式二次分型机构

　　如图 9 - 24 所示为摆钩式二次分型机构。摆钩 2 用轴 3 固定在定模套板 4 上, 定距螺钉 8 也固定在定模套板 4 上, 在定模座板 7 上固定有滚轮 6。图 9 - 24 (a)

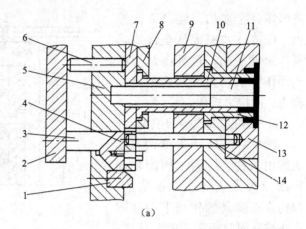

(a)

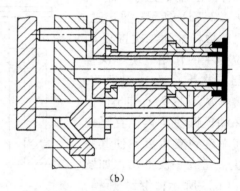

(b)

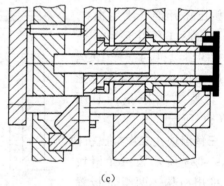

(c)

图 9 - 23　三角滑块式二次推出机构
1—挡块; 2——次推板; 3—斜楔; 4—三角滑块;
5、9—支承板; 6—圆柱销; 7—二次推板;
8—推杆固定板; 10—推管; 11—型芯;
12—型芯套; 13—动模镶块; 14—推杆

所示为压铸结束时的合模状态, 在弹簧 5 的作用下, 摆钩 2 一端钩住动模套板 1, 另一端与滚轮 6 相接触; 分型时, 由于摆钩勾住动模套板的作用, 使模具从 A 分型面分型，压铸件包在型芯上与动模一起移动，浇注系统凝料从浇口套中拉出，如图 9-24（b）所示；继续开模，滚轮与摆钩后端斜面接触，并使其绕轴 3 作顺时针方向转动而脱钩，与此同时，定距螺钉的端部与定模座板接触，使 A 分型面分型结束，并且 B 分型面开始分型，浇注系统的余料被拉断，如图 9-24（c）所示；分模行程结束，推出机构（图中尚未画出）工作，将压铸件从型芯上推出。

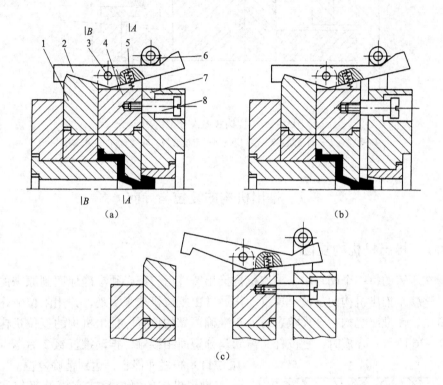

图 9-24　摆钩式二次分型机构

1—动模套板；2—摆钩；3—轴；4—定模套板；5—弹簧；6—滚轮；7—定模座板；8—定距螺钉

此外，为了分型时受力平衡，摆钩应成双对称布置。

2. 拉钩式二次分型机构

如图 9-25 所示为拉钩式二次分型机构。拉钩固定在定模座板和浇口套固定板上，挡块 5 固定在定模套板 4 上。开模时，由于压铸件对型芯 1 的包紧力很大，所以 A 分型面首先分型，浇注系统凝料从浇口套中脱出。当拉钩 6 钩住挡块 5 时，A 分型面分型结束，B 分型面开始分型，同时，浇注系统凝料在浇口处被拉断。压铸件完全脱出定模后，推出机构开始工作时，推杆推动斜滑块 2 一边作内侧抽芯，一边推出压铸件。

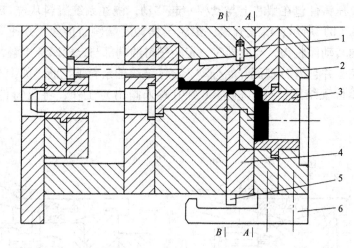

图 9 - 25   拉钩式二次分型机构

1—型芯；2—斜滑块；3—浇口套；4—定模套板；5—挡块；6—拉钩

※   **9.7   推出机构的复位与导向**   ※

9.7.1   推出机构的复位

在压铸的每一个循环中，推出机构推出铸件后，都必须准确地回到原来的位置，这就是推出机构的复位。这一动作通常由复位机构来实现，并用限位钉作最后定位，使推出机构在合模状态时处于准确可靠的位置。推出机构的复位机构如图 9 - 26 所示。合模时，复位杆 9 与动模分型面相接触，推动推杆板 2 后退，与限位钉 8 相碰而停止，达到精确复位。

推出机构的复位形式有模外复位和模内复位两种。复位机构的设计要点如下。

（1）复位元件及限位元件的设计，常在型腔、抽芯机构、推出机构设计完成后，选择合理的空间位置，设置 4 根或 2 根复位杆和 4 个限位钉，复位杆和限位钉应对称布置，使推板受力均衡。

（2）限位元件尽可能布置在铸件投影面积范围内，以改善推板的受力状况。

（3）采用推杆或推管推出机构时，应设置复位杆。设计中也可用复位杆作为推杆推出铸件。

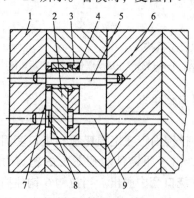

图 9 - 26   复位机构

1—动模座板；2—推杆板；3—推杆固定板；
4—导套；5—导柱；6—动模套板；
7—推板垫圈；8—限位钉；9—复位杆

（4）复位杆和限位钉为标准零件。复位杆的直径分为 6 mm、8 mm、10 mm、12 mm、16 mm、20 mm 和 25 mm 共 7 个规格，其长度可根据模具的行程和结构选用。限位钉的直径有 12 mm 和 16 mm 两种规格，其长度可根据实际情况选用。

9.7.2　推出机构的导向

为保证推出机构动作的平稳且使推出导滑顺利，应设置推出导向机构。有些推出机构的导向零件兼启动模支承板的支承作用，有的推出导向机构是利用推板推杆或复位杆兼作推出机构的导向元件。使用最广泛的导向元件是导柱（见图 9－26）。

第 10 章   压铸模总体设计

❋   10.1   模体的基本类型   ❋

压铸模模体是设置、安装和固定浇注系统、成形零件、推出机构、侧抽芯机构、模温调节系统的装配载体以及安装在压铸机上进行正常运作的基体。因此，在设计模体时应根据已确定的设计方案，对有关结构件进行合理的布局，对主要承载件进行必要的计算，并根据所选用的压铸机的技术规格确定模体的安装尺寸。

根据压铸模的结构特点，模体结构的基本类型有如下几种。

1. 不通孔的二板式结构

定模板 2 和动模板 6 由整体形成，如图 10 - 1 所示。成形的定模镶块 1 和动模镶块 5 分别镶嵌在定模板和动模板的盲孔套内，用螺栓紧固。模体由两组模板组成。开模时，由主分型面分型。推杆 7 推出压铸件，复位杆 8 复位。

它的特点是：结构紧凑，组成零件少，模体强度较高，模体闭合高度较小，是中、小型模具广泛采用的结构形式。

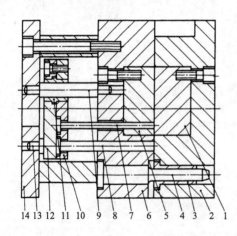

图 10 - 1   不通孔的二板式结构形式
1—定模镶块；2—定模板；3—导套；4—导柱；
5—动模镶块；6—动模板；7—推杆；8—复位杆；
9—推板导柱；10—推杆固定板；11—推板导套；
12—推板；13—限位钉；14—动模座板

2. 通孔的二板式结构

定模部分和动模部分分别由定模座板 1、定模板 3 和动模板 5、支承板 8 组成。成形的定模镶块 2 和动模镶块 4 分别装入定模板 3 和动模板 5 的通孔模套内，用螺栓压紧。开模时，由主分型面分型，推杆 10 推出压铸件，复位杆 9 复位，如图 10 - 2 所示。

它的特点是，加工的工艺性好，可

采用线切割等现代设备加工，易于保证组装质量。这种组合形式，单块模板的厚度较小，但模具的闭合高度加大，同时，在设计时，应注意模体的强度，防止成形零件受到金属液压力时变形，影响压铸件的尺寸精度。这种形式多在组合式结构和多腔模具中采用。

3. 带卸料板的结构

如图 10-3 所示，带卸料板的结构是在二板式结构的基础上，增设推出压铸件的卸料板 5。动模部分由卸料板 5、动模板 8 和支承板 9 组成。开模时，首先从主分型面分型，使压铸件脱离型腔后，推板 16 推动卸料推杆 10、卸料板 5 以及推杆 11 共同作用，使压铸件脱模。合模时，定模板推动卸料板及卸料推杆带动推出机构复位，不必另设复位杆。卸料板由于推出力均衡，压铸件在脱模时不易变形，是薄壁压铸件常用的脱模形式。

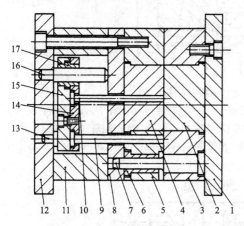

图 10-2　通孔的二板式结构形式

1—定模座板；2—定模镶块；3—定模板；4—动模镶块；5—动模板；6—导套；7—导柱；8—支承板；9—复位杆；10—推杆；11—垫块；12—动模座板；13—限位钉；14—推杆固定板；15—推板；16—推板导柱；17—推板导套

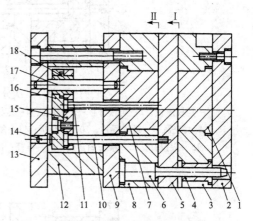

图 10-3　带卸料板的结构形式

1—定模镶块；2—定模座板；3—定模板；4—导套；5—卸料板；6—导套；7—动模镶块；8—动模板；9—支承板；10—卸料推杆；11—推杆；12—垫块；13—动模座板；14—限位钉；15—推杆固定板；16—推板；17—推板导柱；18—推板导套

4. 二次分型的三板式结构

在卧式压铸机上采用中心浇口时，为取出浇口余料，必须设置可移动的模板，如图10-4 所示。即在主分型面分型前，模具从辅助分型面Ⅰ处分型。压铸件包紧力在压射冲头送料的推力作用下，定模 5 与浇口余料一起与动模板移动。继续开模，限位杆 20 阻止定模板的移动而拉断浇口余料（或采用其他切料机械切断余料）。从主分型面Ⅱ处分型，并使压铸件脱模。为支承定模板 5，应设置定模导柱 2。

5. 多次分型的多板结构

当一次分型不能使压铸件完全脱模时，应采取二次分型或多次分型的结构形式。图10-5所示为采用三次分型的结构形式，增加了型腔板9和11两块可移动的模板，形成分型面Ⅰ和分型面Ⅱ两个辅助分型面和主分型面Ⅲ。

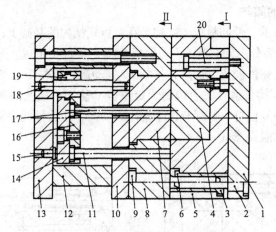

图10-4 二次分型的三板式结构

1—定模座板；2—定模导柱；3—导套；4—定模镶块；5—定模板；6—导套；7—动模镶块；
8—动模板；9—动模导柱；10—支承板；11—复位杆；12—垫块；13—动模座板；14—推板；
15—限位钉；16—推杆固定板；17—推杆；18—推板导柱；19—推板导套；20—限位杆

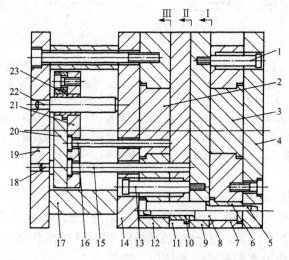

图10-5 多次分型的多板结构形式

1，13—限位杆；2—动模镶块；3—定模镶块；4—定模座板；5—动模导柱；6—导套；7—定模板；
8—定模导柱；9，11—型腔板；10—导套；12—动模板；14—支承板；15—复位杆；16—推杆；
17—垫块；18—限位钉；19—动模座板；20—推板；21—推杆固定板；
22—推板导柱；23—推板导套

为了限制分型面Ⅰ和分型面Ⅱ的分型距离，达到定距分型的效果，还分别设置了限位杆1和13，以及对各模板分别导向的动模导柱5和定模导柱8。这种结构有时还应设置顺序分型脱模机构，按先后顺序，按一定的定距程序分型。

⊗ 10.2 结构零部件的设计 ⊗

压铸件的结构零部件包括动、定模套板，动模支承板，动、定模座板及合模导向机构等。设计模具时应考虑动、定模套板应有适当的厚度，除了满足强度与刚度条件外，对于较厚的动、定模套板，模具型腔的温度变化小，压铸件的质量稳定，模具寿命也较长，但过厚会使模具笨重，浪费材料。在动、定模套板的分型面向上，要有足够的位置安装导柱、导套、复位杆、定位销、紧固螺钉等，需要侧向抽芯机构的压铸件，还需要留有安装侧向抽芯机构的位置。动模支承板一定要具有足够的强度和刚度，避免在压铸时型腔变形而影响压铸件的尺寸精度。

10.2.1 动、定模套板的边框厚度

动、定模套板一般受拉伸、弯曲、压缩3种应力，变形后会影响型腔的尺寸精度。因此，在考虑套板的尺寸时，应兼顾模具结构与压铸工艺。

1. 圆形套板边框厚度的尺寸计算

圆形套板分为不通式和穿通式两种，如图10-6所示。图10-6（a）为套板不通的形式，图10-6（b）为套板穿通的形式。

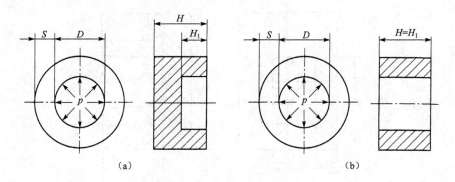

图10-6 圆形套板形式

型腔不通式套板的厚度可按下式计算

$$S \geqslant \frac{DpH_1}{2[\sigma]H}$$

（10-1）

型腔穿通式套板的厚度可按下式计算

$$S \geqslant \frac{Dp}{2[\sigma]} \tag{10-2}$$

受力时弹性变形量 δ 按下式计算

$$\delta = \frac{D^2 p}{4SE} \tag{10-3}$$

各式中　S——套板边框厚度，mm；

　　　　p——压射比压，MPa；

　　　　$[\sigma]$——许用抗拉强度，45 号钢调质后取 80～100 MPa；

　　　　E——材料的弹性模量，取 2×10^5 MPa；

　　　　D——型腔直径，mm；

　　　　H_1——型腔深度，mm；

　　　　H——套板厚度，mm；

　　　　δ——受力后弹性变形量，mm。

2. 矩形套板边框厚度的尺寸计算

矩形套板如图 10 - 7 所示，其边框厚度可按下式计算

$$S \geqslant \frac{F_2 + \sqrt{F_2^2 + 8H[\sigma]F_1 L_1}}{4H[\sigma]} \tag{10-4}$$

式中　F_1——边框长侧面受的总压力，$F_1 = pL_1 H_1$，N；

　　　F_2——边框短侧面受的总压力，$F_2 = pL_2 H_1$，N；

　　　L_1——型腔长侧面的长度，mm；

　　　L_2——型腔短侧面的长度，mm。

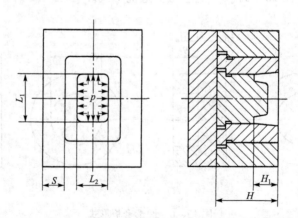

图 10 - 7　矩形套板的形式

3. 套板厚度的经验数据

动、定模套板边框厚度的经验数据推荐值可如表 10 - 1 所示。

表 10 – 1　套板边框厚度的推荐尺寸　　　　　　　mm

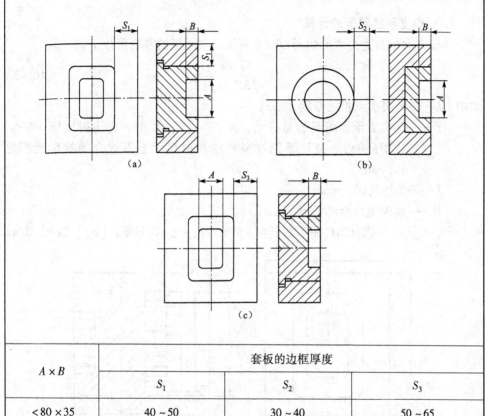

(a)　　　　　　(b)

(c)

$A \times B$	套板的边框厚度		
	S_1	S_2	S_3
$<80 \times 35$	$40 \sim 50$	$30 \sim 40$	$50 \sim 65$
$<120 \times 45$	$45 \sim 65$	$35 \sim 45$	$60 \sim 75$
$<160 \times 50$	$50 \sim 75$	$45 \sim 55$	$70 \sim 85$
$<200 \times 55$	$55 \sim 80$	$50 \sim 65$	$80 \sim 95$
$<250 \times 60$	$65 \sim 85$	$55 \sim 75$	$90 \sim 105$
$<300 \times 65$	$70 \sim 95$	$60 \sim 85$	$100 \sim 125$
$<350 \times 70$	$80 \sim 110$	$70 \sim 100$	$120 \sim 140$
$<400 \times 100$	$100 \sim 120$	$80 \sim 110$	$130 \sim 160$
$<500 \times 150$	$120 \sim 150$	$110 \sim 140$	$140 \sim 180$
$<600 \times 180$	$140 \sim 170$	$140 \sim 160$	$170 \sim 200$
$<700 \times 190$	$160 \sim 180$	$150 \sim 170$	$190 \sim 220$
$<800 \times 200$	$170 \sim 200$	$160 \sim 180$	$210 \sim 250$

10.2.2　动模支承板的厚度

1. 动模支承板厚度的计算

动模支承板的受力情况如图 10 - 8 所示。支承板的厚度可按下式计算

$$h = \sqrt{\frac{FL}{2B[\sigma_{\mathrm{w}}]}} \tag{10-5}$$

式中　h——动模支承板的厚度，mm；

　　　F——动模支承板所受的总压力，N，$F = pA$，其中 p 为压射比压，MPa，A 为压铸件、浇注系统和溢流槽在分型面上不重合的投影面积之和，mm^2；

　　　L——垫块间距，mm；

　　　B——动模支承板的长度，mm；

　　　$[\sigma_{\mathrm{w}}]$——钢材的许用弯曲强度，MPa，正火态 45 号钢，$[\sigma_{\mathrm{w}}]$ 取 92 MPa。

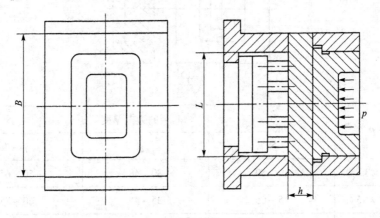

图 10 - 8　动模支承板的受力状态

2. 动模支承板厚度的经验数据

动模支承板厚度的经验数据是按支承板所受总压力的大小选取的，具体推荐值如表10 - 2所示。

表 10 - 2　动模支承板厚度的推荐值

支承板所受的总压力 F/N	支承板的厚度 h/mm	支承板所受的总压力 F/N	支承板的厚度 h/mm
160 ~ 250	25，30，35	1 250 ~ 2 500	60，65，70
250 ~ 630	30，35，40	2 500 ~ 4 000	75，85，90
630 ~ 1 000	35，40，50	4 000 ~ 6 300	85，90，100
1 000 ~ 1 250	50，55，60		

3. 动模支承板的加强

当压铸件、溢流槽及浇注系统在分型面上的投影面积较大而垫块的间距 L 较长或动模支承板厚度 h 较小时，为了加强支承板的刚度，可在支承板和动模座板之间设置与垫块等高的支柱；也可以借助于推板上的导柱加强对支承板的支撑作用，如图 10-9 所示。图 10-9（a）为支柱固定在支承板上的形式；图 10-9（b）为支柱固定在动模座板上的形式；图10-9（c）是推板导柱作支柱，为了提高压铸件推出过程中推板导柱的刚性，采用两端固定的办法，防止在推出过程中出现卡死现象，适于大、中型压铸模支承板的加强。

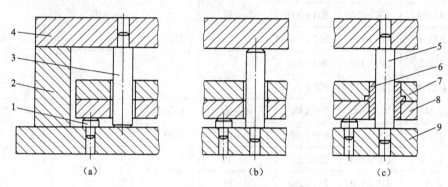

图 10-9　动模支承板的加强形式

1—限位螺钉；2—垫块；3—支柱；4—动模支承板；5—推板导柱；
6—推板导套；7—推杆固定板；8—推板；9—动模座板

10.2.3　定模座板的设计

定模座板与定模套板构成了压铸模定模部分的模体，由于定模座板与压铸机的固定模板大面积接触，故一般不作强度计算。卧式压铸机用定模座板，其厚度 H 可按经验数据选取，如表 10-3 所示。表 10-3 还列出了不同型号的压铸机用的定模座板与压室的配合孔直径 D 和配合深度 h 的尺寸与公差。

表 10-3　定模座板推荐尺寸　　　　　　　mm

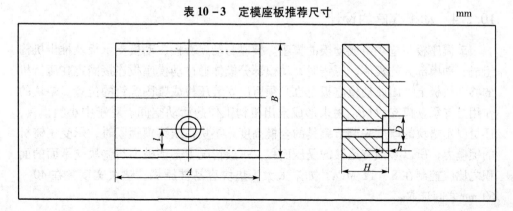

压铸机型号	$A \times B$		H	D (H7)	h (H8)	l
	最大	最小				
J113	240×330	200×300	$15 \sim 20$	$\phi 65 \,^{+0.030}_{\ 0}$	$10 \,^{+0.022}_{\ 0}$	$50 \sim 55$
J116	260×450	240×230		$\phi 70 \,^{+0.030}_{\ 0}$	$8 \,^{+0.022}_{\ 0}$	$55 \sim 60$
J1113	450×450	300×300	$20 \sim 30$			
J1113A	450×450	300×300			$10 \,^{+0.022}_{\ 0}$	
J1113B	410×410	260×260		$\phi 110 \,^{+0.055}_{\ 0}$		$70 \sim 90$
J1125	510×410	360×320	$30 \sim 40$		$12 \,^{+0.027}_{\ 0}$	
J1125A	510×410	360×320				
J1140	760×660	530×480	$40 \sim 50$	$\phi 150 \,^{+0.040}_{\ 0}$	$15 \,^{+0.027}_{\ 0}$	$100 \sim 120$
J1163	900×800	660×480	$45 \sim 60$	$\phi 180 \,^{+0.040}_{\ 0}$	$25 \,^{+0.033}_{\ 0}$	$135 \sim 150$
J1512	600×350	250×250	$25 \sim 35$	$\phi 55 \,^{+0.030}_{\ 0}$	$15 \,^{+0.027}_{\ 0}$	—
J1513	410×410	260×260	$25 \sim 35$			
J2213	260×260	200×200	$20 \sim 25$	$\phi 28$	10	—
J2113	410×410	260×260	$25 \sim 35$	$\phi 55 \,^{+0.030}_{\ 0}$	$15 \,^{+0.027}_{\ 0}$	—

注：1. 尺寸 $A \times B$ 指模板中心与压铸机固定模板中心重合时的数据；
　　2. 定模板与定模套板的连接螺钉，用在小于 J1512 型的压铸机时，不少于 6 个，用在大于 J1512 型的压铸机时，不少于 8 个。

定模座板上要留出安装时搭压板或紧固螺钉的位置，使定模部分与压铸机的固定模板连接固定。当定模镶块与定模套板采用非通孔镶入形式时，可省去定模座板，但必须在定模套板上留出与压铸机固定的安装压板或紧固螺钉的位置。

10.2.4　动模模座的设计

动模座板与垫块组成动模的模座。模座与动模套板、动模支承板及推出机构组成了动模部分的模体。压铸时，动模部分模体通过动模座板连接固定在压铸机的移动模板上，因此动模座板上也必须留出安装压板或紧固螺钉的位置。垫块的作用是支承动模支承板，用来形成推出机构工作的活动空间。对于中小型模具，还可以用垫块的厚度来调节模具的合模高度。垫块在压铸模锁紧时，承受压铸机的锁模力，所以必须有足够的受压面积，一般情况下，锁模力与垫块支承面的面积之比应控制在 $8 \sim 12$ MPa，如果太大，垫块容易被压塌，垫块宽度常在 $40 \sim 60$ mm 之间选取。

小型压铸模的模座一般采用图 10－10（a）所示的形式，垫块与动模座板的平面接触，用螺钉连接和用销钉定位；小型压铸模的模座有时也设计成支架式模座，如图 10－10（b）所示，这种结构制造方便、重量轻、省材料；对于中型压铸模，常常将垫块部分镶入动模座板和动模支承板内，如图 10－10（c）所示；大型压铸模的动模座板和垫块合为一个整体，采用铸造方法成形，如图 10－10（d）所示。模座通常采用铸钢或球墨铸铁，这样既减少了零件数，提高了模具的刚性，又节省了原材料。

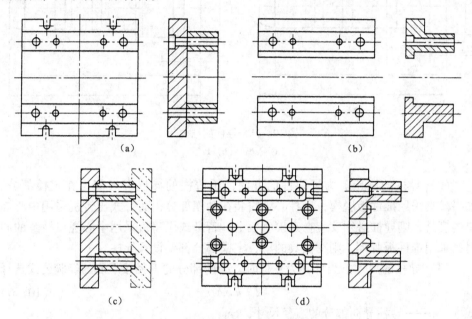

图 10－10　动模模座的结构形式

10.2.5　合模导向机构的设计

在压铸模中，合模导向机构主要用来保证动模模体与定模模体两大部分之间的准确对合，保证压铸件的形状和尺寸精度，并避免模内各种零部件发生碰撞与干涉。在各类压铸模中，基本上以导柱和导套作为基本零件构成导向机构。合模导向机构在工作过程中，经常会受到压铸成形时所产生的侧向压力作用，因此设计合模导向机构的基本要求是定位准确、导向精确，并且要有足够的强度、刚度和耐磨性。

1. 导柱和导套的结构

（1）导柱的结构。压铸模导柱的典型结构按照国家标准分为 A 型（带头导柱）和 B 型（有肩导柱）两种。图 10－11（a）为 A 型导柱，固定部分的直径 d_1 与导向部分的直径 d 基本尺寸相同，只是偏差值不同；图 10－11（b）为 B 型导柱，固定部分的直径 d_1 比导向部分的直径 d 大，且其大小和与之相配用的导套外径一致，这样可使导柱和导套的安装固定孔大小一致，以便两孔同时加工，保证它们的同轴度。柱面上的环槽可以收集灰尘和杂质，以减小导柱与导向孔之间的摩擦。

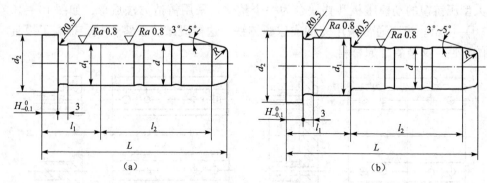

图 10－11   导柱的结构

(a) A 型；(b) B 型

（2）导柱的固定。为了取件的方便，压铸模的导柱一般固定在定模部分。如果模具采用推件板脱模，导柱必须安装在动模部分；而卧式压铸机采用中心浇口的模具，则导柱必须安装在定模座板上；若卧式压铸机采用中心浇口模具的同时又采用推件板脱模，则在模具的动、定模部分都要设置导柱。

（3）导柱的尺寸。当导柱为 4 根时，导向部分的直径按下面的经验公式选择

$$d = k\sqrt{A} \tag{10-6}$$

式中 d——导柱导向部分的直径尺寸，cm；

A——模具分型面的表面积，cm^2；

k——系数，一般在 0.07～0.09 内选取，当 $A > 2\,000\ cm^2$ 时，k 取 0.07，当 $A = 400 \sim 2\,000\ cm^2$ 时，k 取 0.08，当 $A < 400\ cm^2$ 时，k 取 0.09。

导柱的导向长度通常比分型面上的最长型芯长 10～15 mm，而最小长度应取导柱导向部分直径 d 的 1.5～2 倍。

（4）导套的结构。导套的结构按照国家标准分为 A 型（直导套）和 B 型（带头导套）两种。图 10－12 (a) 为 A 型导套，它主要用于动、定模套板较厚或套板后面无支承板或定模座板的情况，常安装在推件板内；图 10－12 (b) 为 B 型导套，它通常用于动、定模套板后面有动模支承板或定模座板的场合。

导套的导向长度 l_1 通常取导向孔直径 D 的 1.5～2 倍，孔径小取上限，孔径大取下限。

（5）导柱与导套的技术要求。导柱和导套通常都可采用 20 号钢表面渗碳处理或采用 T18、T10 钢进行淬火处理。导柱应有良好的韧性和抗弯强度，其工作表面应有较高的硬度且耐磨，热处理硬度一般为 52～56 HRC。导套的表面硬度

应比导柱略低，便于磨损后更换导套。导套有时也可用铜合金等耐磨材料制造。导柱和导套的固定部分的表面粗糙度 Ra 为 0.8 μm；导向部分的表面粗糙度 Ra 为 0.4 ~ 0.8 μm。

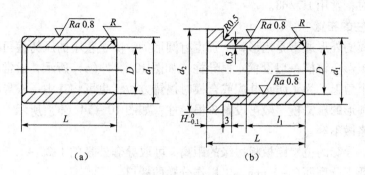

图 10 – 12　导套的结构

(a) A 型；(b) B 型

2. 导柱与导套的配合

导柱与导套的配合如图 10 – 13 所示。图 10 – 13 (a) 为 B 型导柱与 B 型导套相配合的形式；图 10 – 13 (b) 为 A 型导柱与 B 型导套相配合的形式；图 10 – 13 (c) 为 A 型导柱与 A 型导套相配合的形式；图 10 – 13 (d) 为 B 型导柱与 A 型导套相配合的形式。

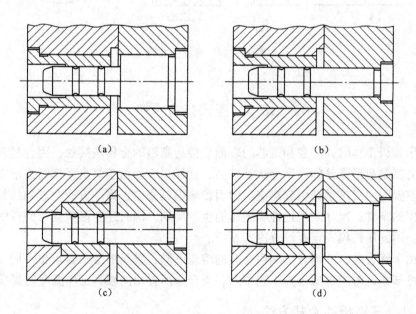

图 10 – 13　导柱与导套的配合形式

导柱与导柱固定模板的配合为 H7/e6 的过渡配合；导套与导套固定板的配合为 H7/k6。

导柱与导套工作部分的配合精度，压铸锌合金、铝合金时，常用 H7/e8；压铸铜合金时，常用 H7/d8。

3. 导柱的布置

压铸模的外形通常是矩形，个别也有圆形的。除了很小的压铸模可设置 2 根导柱外，矩形压铸模一般设置 4 根导柱，如图 10 – 14（a）所示，通常都布置在套板的 4 个角上。为了防止装配或合模时搞错方位，也可将其中一根导柱作不等距布置。圆形的压铸模一般可设置 3 根导柱，如图 10 – 14（b）所示，其分布的角度可以略微不等。

导柱、导套的位置距模板边缘的距离 s 可取导套外径的 1.25 ~ 1.5 倍，在导套四周应低于分型面 3 ~ 5 mm，以用作分模的撬口。

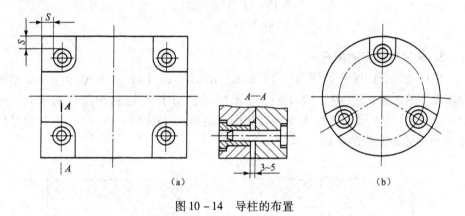

图 10 – 14　导柱的布置

▒ 10.3　压铸模的冷却 ▒

压铸模工作时，型腔和型芯的表面直接与高温的金属液接触，因此模具的温度，尤其是成形零件的温度会逐渐升高，这样一方面由于每次开模时成形零件表面与室温的空气接触会引起热交应力而影响模具寿命，另一方面会影响压铸件顺序凝固的条件、尺寸的稳定性和压铸的生产周期，同时还会影响到压铸件的表面质量，因此压铸模一定要设置冷却系统。

由于锌合金、铝镁合金和铜合金的熔点不同，模具的冷却要求也不同，因此设计冷却系统时应考虑压铸工艺中对各类合金所提出的模具工作温度的要求。

10.3.1　压铸模的冷却方法

压铸模的冷却方法主要有风冷和水冷两种。

1. 风冷

风冷冷却的风力通常来自鼓风机或压缩空气。冷却的方法是将压缩空气对准压铸模动模和定模的成形部分进行反复喷吹，以使模具的热量尽快散发到空气中，从而降低模具的温度。由于不需要在模具内部设置冷却回路，因此模具的结构大为简化。采用风冷的另一个好处在于压缩空气能将模具内涂刷的涂料吹匀并加速驱散涂料所挥发出的气体，减少压铸件因涂料挥发出的气体而造成的气孔。

风冷的缺点是冷却速度较慢，通常需采用人工方法进行，不能实现自动化，生产效率低，仅适用于低熔点合金和成形中小型薄壁压铸件等散热量较小的模具。该冷却方法目前有被逐渐淘汰的趋势。

2. 水冷

水冷是指在模具内开设冷却水通道，将冷却水循环通入成形镶块或型芯内，从而实现冷却。水冷速度比风冷速度快得多，因此能有效地提高生产效率。一般可以通过测定进水口和出水口的温度以及模具型腔或型芯的表面温度来控制冷却水的流量，从而调节冷却效率，以达到压铸生产工艺的要求，所以在压铸过程中水冷是可以实现自动化的。

采用水冷的模具，由于需要开设冷却水道，因此模具的结构相对比较复杂。但由于水冷方法冷却效率高，冷却效果好，有利于缩短成形周期，所以大中型压铸模或厚壁压铸件的模具以及大批量压铸生产的模具通常都采用水冷。

水冷法的冷却介质除了主要用水外，还可采用其他一些冷却介质以提高冷却效果，这些冷却介质如表 10 – 4 所示。

表 10 – 4   其他冷却介质

序号	冷却介质	配比/%	沸点/℃	应用说明
1	水 乙烯乙醇	50 50	140	扩大了有效冷却的范围，适用于除铜以外的各种合金压铸件
2	水 乙二醇	75 25	110	可连续使用两年不更换
3	液氧化二苯基		300	对于防止模具早期开裂有良好效果
4	CO_2			适用于铜合金压铸，效果好

除了风冷和水冷外，国外还广泛地采用热管冷却。热管是一种密封的利用液体的蒸发与冷凝原理和毛细管现象来传递热量所设计的管状传热元件，如图 10 –15 所示。热管由管壳、虹吸层和传热介质组成，分为蒸发段和冷凝段，管内真空度达 1.33 ~ 0.133 Pa。将热管的蒸发段插入到模具中需要冷却的部位，当受热时，其中的冷却介质（酒精或氨水）被加热到沸腾蒸发，蒸发压力升高，与冷凝段形成压差，使蒸气沿着热管的中心通道扩散到冷凝段，冷凝段伸入到模

具的冷却水孔或其他散热部位。蒸气在冷凝段形成饱和状态，有很小的温差即凝结还原成液体，同时放出热量。冷凝的液体因毛细管的作用，再返回到蒸发段，如此往复循环，达到冷却的效果。由于蒸气输送热量，使各部位之间温差极小，即呈现等温性。因管内抽成了真空，因此管内的液体很容易受热沸腾蒸发（通常27℃便可沸腾），其热效率很高。热管的散热能力比铜管要大几百倍到上千倍，在国外已经系列化和商品化，国内也已有研制。

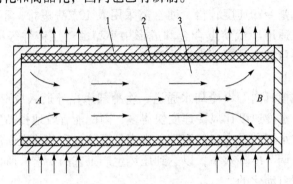

图 10 – 15　热管的工作原理
1—管壳；2—吸液芯（虹吸层）；3—蒸气腔；
A—蒸发段；B—冷凝段

10.3.2　冷却通道的设计计算

冷却系统的设计包括热传导面积的计算、冷却介质的通道尺寸和介质用量的计算以及通道回路的排布等，这项工作仍是压铸模设计中的一个难点，主要是理论方面缺乏精确的热传导分析和热计算基础。近年来借助计算机，已经在这些方面取得了一定的成果和进展，但有些问题仍需进一步探讨与完善。这里仅介绍压铸模冷却系统设计的基本思路和设计原则。

1. 需要用冷却水传走的模具热量

根据能量守恒定律，压铸模在每个循环的正常工作中，熔融金属传给模具的热量、模具传走的热量以及冷却系统传走的热量应保持平衡。热平衡的表达式为

$$Q = Q_1 + Q_2 + Q_w \tag{10 – 7}$$

式中　Q——单位时间内熔融金属传给模具的热量，kJ/h；

　　　Q_1——单位时间内模具通过自然对流和向周围辐射传走的热量，kJ/h；

　　　Q_2——单位时间内通过压铸机上的特定部位传走的热量，kJ/h，特定部位指模具的动、定模座板与压铸机的移动模板和固定模板的接触部位，以及压铸模和压铸机上原来常设冷却通道的部位，如浇口套、分流锥、喷嘴、压室、压射冲头等；

　　　Q_w——单位时间内需要用冷却水传走的热量，kJ/h。

因此，需要用冷却水传走的热量为

$$Q_w = Q - Q_1 - Q_2 \tag{10-8}$$

（1）熔融金属传给模具的热量单位时间内熔融金属传给模具的热量 Q 可按下式计算

$$Q = nmq \tag{10-9}$$

式中　n——每小时压铸的次数，次/h；

　　　m——每次压铸的合金量，kg/次；

　　　q——单位质量合金液的凝固热量，kJ/kg，如表 10-5 所示。

表 10-5　各类合金的凝固热量 q

合 金 类 别		q 值/（kJ·kg^{-1}）
锌 合 金		1.785×10^2
铝 合 金	铝 硅 合 金	8.876×10^2
	铝 镁 合 金	7.9549×10^2
镁 合 金		7.1176×10^2

（2）模具通过自然对流和向周围辐射所传走的热量单位时间内模具通过自然对流和向周围辐射所传走的热量 Q_1 可用下式进行估算

$$Q_1 = \Phi_1 A_1 \tag{10-10}$$

式中　Φ_1——模具自然对流和向周围辐射传热的热流密度，kJ/（h·m^2），其值如表 10-6 所示；

　　　A_1——模具总的表面积，m^2。

表 10-6　模具自然对流与辐射传热的热流密度 Φ_1

合金种类	模具温度/℃	热流密度/（kJ·（h·m^2）$^{-1}$）
锌合金	100	4.1868×10^3
铝、镁合金	125	6.2802×10^3

（3）压铸机上特定部位传走的热量。

① 通过动、定模座板传导给压铸机的热量。单位时间内通过动、定模座板与压铸机模板的安装接触面传给压铸机的热量可用下式计算

$$Q_2' = 3.6 h_2 A_2 (\theta_m - \theta_r) \tag{10-11}$$

式中　Q_2'——单位时间内模具传给压铸机移动模板和固定模板的热量，kJ/h；

　　　h_2——模具与压铸机移动模板和固定模板之间的传热系数，W/（m^2·℃），

其值与动、定模座板的材料有关，采用碳素钢时可取 140 W/(m²·℃)；

A_2——动、定模座板与压铸机移动模板及固定模板之间安装的接触面积，m²；

θ_m——模具的平均温度，℃；

θ_r——室温，℃。

② 由压射冲头等传走的热量。单位时间内由压铸机的压射冲头等传走的热量 Q_2'' 可以通过实际测量而定。

③ 由分流锥、浇口套、喷嘴和压室等部位传走的热量单位时间由上述几部分传走的热量可由下式进行估算

$$Q_2''' = \Phi_2 A_{L0} \qquad (10-12)$$

式中　Q_2'''——单位时间内每个特定部位传走的热量，kJ/h；

Φ_2——特定部位冷却传热的热流密度，kJ/(h·m²)，如表 10-7 所示；

A_{L0}——特定部位冷却通道的总表面积，m²。

表 10-7　某些特定部位冷却传热的热流密度 Φ_2

特定部位名称	热流密度/(kJ·(h·m²)⁻¹)
分流锥	2.512×10^6
浇口套、喷嘴、压室	2.093×10^6

上述几个特定部位单位时间内所传走的热量 Q_2''' 应是上述各部位传走热量的总和。

综上可见，单位时间内通过压铸机特定部位传走的热量可由下式表示

$$Q_2 = Q_2' + Q_2'' + Q_2''' \qquad (10-13)$$

通过 Q、Q_1 和 Q_2 的计算，根据式（10-8）就可以得出单位时间内用冷却水传走的模具热量 Q_W。

2. 冷却通道的设计

知道了需要用冷却水传走的模具热量 Q_w 后，就可计算出总的冷却通道表面积（热传导面积），然后再根据模具的具体情况确定冷却水道的直径和冷却水道的长度。

（1）冷却水道的总表面积的计算根据牛顿冷却定律，用水流冷却模具时需用的热传导面积（即冷却水道表壁的面积）为

$$A_w = \frac{Q_w}{3.6 h_w \Delta \theta} \qquad (10-14)$$

式中　A_w——热传导面积，m²；

h_w——冷却水对其通道表壁的传热系数，W/(m²·℃)；

$\Delta\theta$——热传导面的平均温度与冷却水平均温度的差值,℃,其中冷却水的平均温度为冷却水在进口处和出口处温度的平均值。

当冷却水在圆形断面直管中呈紊流状态时,模具材料与冷却水之间为稳定换热,则

$$h_{\mathrm{w}} = 0.023 \frac{\lambda_{\mathrm{w}}}{d_{\mathrm{w}}} \left(\frac{v d_{\mathrm{w}} \rho_{\mathrm{w}}}{\mu_{\mathrm{w}}} \right)^{0.8} \left(\frac{\mu_{\mathrm{w}} g C_{\mathrm{pw}}}{\lambda_{\mathrm{w}}} \right)^{0.4} \qquad (10-15)$$

式中　λ_{w}——冷却水的导热系数,W/(m·℃);

　　　d_{w}——冷却水道的直径,m;

　　　g——重力加速度,m/s²;

　　　v——冷却水的速度,m/s;

　　　ρ_{w}——冷却水的平均密度,kg/m³;

　　　μ_{w}——冷却水的平均黏度,Pa·s;

　　　C_{pw}——冷却水的平均比热容,J/(kg·℃)。

上式中第 1 个括号内的数群称为雷诺数,$Re = \dfrac{v d_{\mathrm{w}} \rho_{\mathrm{w}}}{\mu_{\mathrm{w}}}$,为了确保冷却水处于紊流状态,要求 $Re \geqslant 10^4$。第 2 个括号内的数群称为普朗特数,$Pr = \dfrac{\mu_{\mathrm{w}} g C_{\mathrm{pw}}}{\lambda_{\mathrm{w}}}$,要求 $Pr = 0.7 \sim 2\,500$。另外,使用上式时,要求冷却水道的长度与直径比 >50。

式(10-15)的计算比较复杂,尤其是确定其中的参数有困难,所以生产中也可用简化公式计算 h_{w},当冷却水平均温度在 20 ℃以上,$Re = 6 \times 10^3 \sim 10^4$ 时,简化式的计算结果与式(10-15)的误差在 ±2% 以内。

$$h_{\mathrm{w}} = 2\,041 (1 + 0.015 \theta_{\mathrm{w}}) \frac{v^{0.87}}{d_{\mathrm{w}}^{0.13}} \qquad (10-16)$$

式中　θ_{w}——冷却水的平均温度,℃。

由式(10-14)和式(10-15)可知,热传导面积 A_{w} 与冷却水道的直径 d_{w} 有关,设计时两者中先确定一个数据,然后通过计算求出另一个数据。

(2)冷却水道直径和长度的计算如果热传导面积 A_{w} 和冷却水道直径 d_{w} 均已确定,则冷却水道的总长度 L_{w} 为

$$L_{\mathrm{w}} = \frac{A_{\mathrm{w}}}{\pi d_{\mathrm{w}}} \qquad (10-17)$$

至于实际压铸模的冷却水通道直径是否变化,每一通道的长度是否一致,可视具体的模具而定。

10.3.3　冷却系统的布置

在设计冷却系统时,应对压铸件型腔、型芯的大小、复杂程度、推杆的位

置、浇注系统的位置、冷却水道的直径大小、水道壁与型腔表面的距离以及密封措施和进水口方位等综合进行考虑，以达到预期的效果。

1. 冷却通道的设计要点

在设计冷却水通道时应注意以下几点。

(1) 冷却水道要求布置在型腔内温度最高、热量比较集中的区域，流道要通畅，无堵塞现象。

(2) 冷却水道至型腔表面的距离应尽量相等，水道壁离型腔表面的距离一般取 12～15 mm。当压铸件壁厚不均匀时，壁厚的地方可离型腔距离略近些，或者水道孔直径略大些。

(3) 冷却水道孔的直径一般取 8～16 mm，视压铸件大小和壁厚而定。

(4) 为了使模温尽量均匀，设计冷却水道时，应考虑使水道出、入口的温差尽量小。

(5) 冷却水道通过两块或多块模板或零件时，要求采取密封的措施，防止泄漏。通常采用橡胶密封圈或橡胶密封片进行密封。

(6) 水管接头应尽可能设置在模具的下方或操作者的对面一侧，其外径尺寸应统一，以便接装输水的橡皮胶管。

2. 冷却系统的布置形式

压铸件的形状是多种多样的，因此对于不同形状的压铸件模具，其型腔和型芯冷却水道的位置与形状也是不一样的。此外，对于大型的、生产批量大的压铸件，应考虑浇口套与分流锥处的冷却。

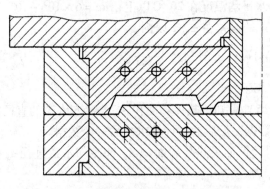

(1) 浅型腔压铸件模具的冷却。浅型腔的压铸件模具，通常采用在动、定模两侧与型腔表面等距离钻冷却水孔的形式，如图 10-16 所示。

(2) 中等深度型腔的压铸件模具的冷却。中等深度型腔的压铸件模具，在凹模底部附近采用与型腔表面等距离钻孔的形式，而在型芯中，由于容易储存热量，所以按型芯形状

图 10-16　浅型腔压铸件模具的冷却水道

铣出矩形截面的冷却水槽进行冷却，如图 10-17（a）所示；中等深度的大、中型型腔压铸件模具的冷却，也可采用如图10-17（b）所示的形式进行冷却。

(3) 大型深型腔压铸件模具的冷却。深型腔模具的冷却最困难的是凸模的冷却。图 10-18 所示为深型腔模具，凸模和凹模均采用螺旋槽冷却水道进行冷却。

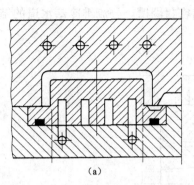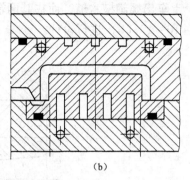

（a）　　　　　　　　　　　（b）

图 10 – 17　中等深度型腔压铸件模具的冷却水道

（4）细长型芯的冷却水道。在细长型芯上开设冷却水道是十分困难的。对于细小的型芯，可以采用间接冷却的方式进行冷却，如图 10 – 19（a）所示。冷却水喷射在铍青铜制成的细小型芯的后端，靠铍青铜良好的导热性能对其进行冷却；当压铸件上的内孔相对较大时，可采用喷射式冷却，如图 10 – 19（b）所示，型芯虽然长，但是可在型芯中部开一个盲孔，盲孔中插入一根管子，

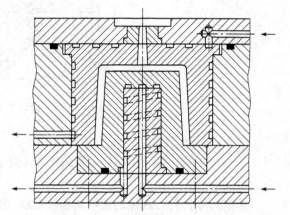

图 10 – 18　深型腔压铸件模具的冷却水道

冷却水经管子喷到浇口附近的盲孔底部，然后经管子与型芯的间隙从出口处流出，使水流对型芯发挥冷却作用。

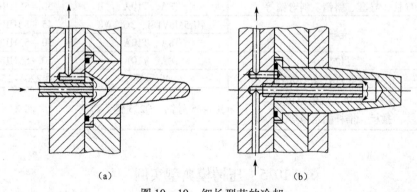

（a）　　　　　　　　　　　（b）

图 10 – 19　细长型芯的冷却

（5）浇口套与分流锥的冷却。浇口套冷却水道的结构如图 10 – 20 所示，在

浇口套上车出螺旋槽水道，而在其两端车出密封圈槽。分流锥冷却水道的结构可参考图 10 - 19（b）进行设计。

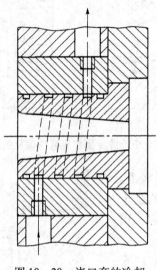

图 10 - 20   浇口套的冷却

▧   10.4   压铸模模体的常用材料   ▧

除成形零件外，模体的常用材料应能保证模体的强度、刚度要求和在压铸过程中不产生不允许的变形。

模体的常用材料及热处理要求如表 10 - 8 所示。

表 10 - 8   模体的常用材料及热处理要求

模体零件	模体材料	热处理要求
导柱、导套、斜销、斜弯销等	T8A、T10A	50 ~ 55HRC
推杆	4Cr5MoV1Si、3Cr2W8	45 ~ 50HRC
	T8A、T10A	50 ~ 55HRC
复位杆	T8A、T10A	50 ~ 55HRC
动、定模套板，支承板等	45 号钢	调质 220 ~ 250HB
模座、垫块、定模座板、推板、推杆固定板等	30 ~ 45 号钢、Q235 钢、铸钢	回火

▧   10.5   压铸模典型实例   ▧

1. 夹板压铸模

夹板压铸模如图 10 - 21 所示，该模具采用推杆推出机构，定模镶块 9 和动模镶块 13 组成模具型腔。由于型芯 6 的成型侧面带有 15 度的斜度，保证了开模后压铸件能留在动模，随动模后移，并被推出机构推出。夹板及浇注系统如图 10-22 所示，采用侧浇口进料，充填效果较好。

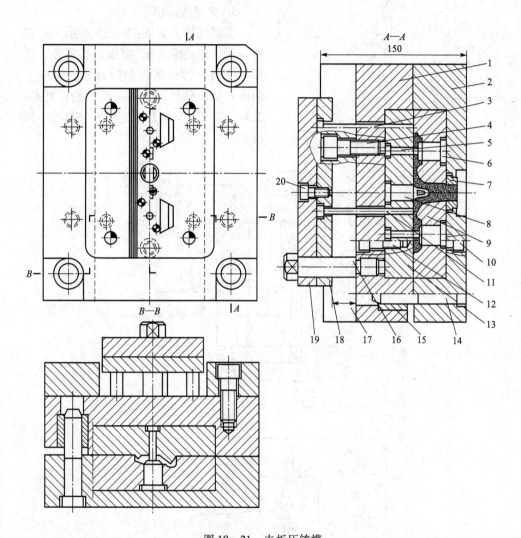

图 10-21　夹板压铸模
1—动模模板；2—定模模板；3—复位杆；4—螺钉；5—型芯；6—型芯；7—浇口套；
8—分流锥；9—定模镶块；10—螺钉；11—推杆；12—螺钉；13—动模镶块；
14—导柱；15—导套；16—导钉；17—垫块；18—推杆固定板；
19—挡板；20—螺钉

2. 支架压铸模

支架压铸模如图 10-23 所示，该模具根据压铸件外形特点，采用了阶梯分

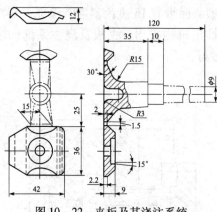

图 10 - 22　夹板及其浇注系统

型面分型，溢流槽开在料流末端的分型面上，推杆 2 作用在压铸件侧面附加的凸台上。支架及浇注系统如图 10 - 24 所示。

3. 支臂压铸模

支臂压铸模如图 10 - 25 所示，动模镶块 9 和定模镶块 13 组成模具型腔，该模具依据压铸件的外形圆弧面，形成了曲面分型面分型，浇注和排气条件良好，有利于填充。支臂及浇注系统如图 10 - 26 所示。

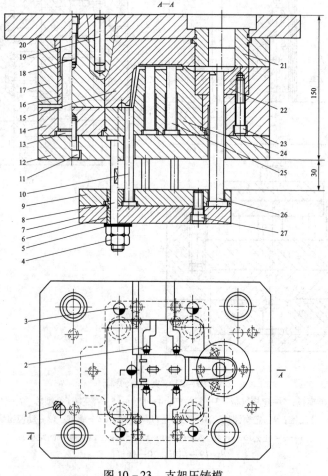

图 10 - 23　支架压铸模

1、19—销钉；2、10—推杆；3—复位杆；4—螺母；5—垫圈；6—导套；7—挡板；8—导杆；9—推杆固定板；
11、18、23、27—螺钉；12—支承板；13—导柱；14—动模套板；15—定模镶块；16—导套；17—定模套板；
20—定模座板；21—浇口套；22—浇口镶块；24—动模镶块；25—型芯；26—浇口推杆

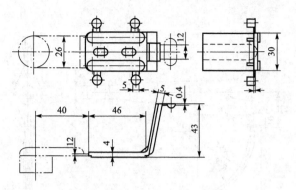

图 10 – 24　支架及其浇注系统

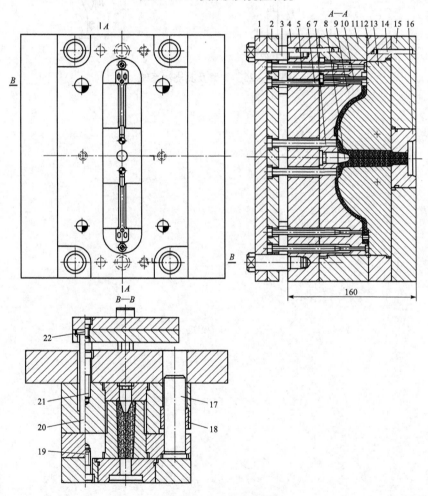

图 10 – 25　支臂压铸模

1—挡板；2—推杆固定板；3—导钉；4—支承板；5、6、7—推杆；8—分流锥；9—动模镶板；10—型芯；

11—动模套板；12—定模套板；13—定模镶块；14—销钉座板；15—定模座板；16—浇口套；

17—导柱；18—导套；19、21、22—螺钉；20—复位杆

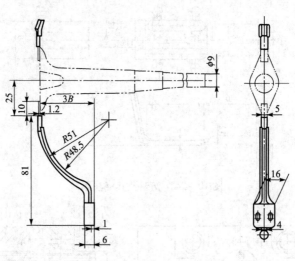

图 10 - 26　支臂及其浇注系统

参 考 文 献

[1] 田雁晨，等．金属压铸模设计技巧与实例 ［M］．北京：化学工业出版社，2006.

[2] 骆枂生，许琳．金属压铸工艺与模具设计 ［M］．北京：清华大学出版社，2006.

[3] 屈华吕．压铸成形工艺与模具设计 ［M］．北京：高等教育出版社，2004.

[4] 姜银方．压铸工艺及模具设计 ［M］．北京：化学工业出版社，2006.

[5] 赖华清．压铸工艺及模具 ［M］．北京：机械工业出版社，2005.

[6] 姜银方，等．压铸模设计应用实例 ［M］．北京：机械工业出版社，2005.

[7] 杨裕国．压铸工艺与模具设计 ［M］．北京：机械工业出版社，2006.

[8] 潘宪曾．压铸模设计手册 ［M］．北京：机械工业出版社，1999.

[9] 耿鑫明．压铸件生产指南 ［M］．北京：化学工业出版社，2007.

[10] 于彦东．压铸模具设计及 CAD ［M］．北京：电子工业出版社，2002.